JN249341

Field Guide to Marine Plankton

美しい海の浮遊生物図鑑

若林香織・田中祐志　著

阿部秀樹　写真

文一総合出版

自然の造形美　プランクトン

角の生えた恐竜のような不思議な形の甲殻類の幼生、自分の体より遥かに長く伸びた羽衣をまとって浮遊する仔稚魚。これらの愛すべき生物たちを初めて見たときの衝撃は、今でも忘れることはない。遊泳力をほとんど持たない彼らは、透明な体を持ち、長く伸びた棘で捕食者の攻撃を回避し、クラゲの触手に擬態するかのように糸状の長い鰭を広げるなど、海での浮遊生活に適応した姿形となった。

どのグループに属する生物なのかもわからない存在だったが、その造形美と生存戦略に惹かれた。教科書となる本は少なく、あっても文字だらけの洋書がほとんど。また、高価な本には手が出ず、スケッチブックを片手に何度も国会図書館へ通った。

浮遊する小さな生物に創造性や閃きを感じ、没頭したのは私だけではない。フラン

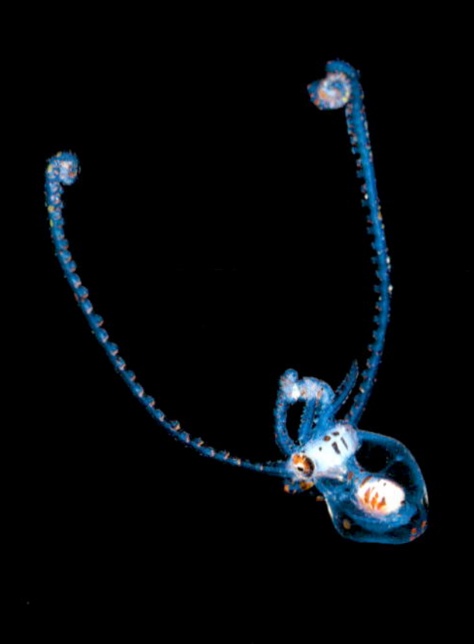

スの建築家ルネ・ビネがデザインした1900年のパリ万博の入場門は、同時代を生きたドイツの生物学者エルンスト・ヘッケルが記録した放散虫の絵に触発されたものと言われる。放散虫は1mm以下の微小なものがほとんどだが、ヘッケルが『Kunstformen der Natur』（生物の驚異的な形）に書き残した放散虫のガラス質の殻の数々は、驚くほどの造形美に満ちている。彼が書き残した放散虫を含む無数のプランクトンのスケッチは、私の撮影意欲の大きな原動力になった。

知れば知るほど、見れば見るほど、浮遊生物の魅力に取りつかれるのは、私だけではないはずだ。ファインダーに現れるその美と神秘に、いつも驚かされ、感動する。これが「浮遊生物」の魅力だ。

（阿部秀樹）

※本書に掲載した写真は、すべて日本国内で撮影されたものである。

目次

水中を浮遊する生物の正体は？

水中を浮遊する（漂う）生物は、「プランクトン」と呼ばれる。
プランクトンとは何者なのか？

（田中祐志）

プランクトン

海であれ湖沼であれ、水の中を浮遊する生物は、「浮遊生物」あるいは「プランクトン」と呼ばれる。水中で、何か（底質や他の生物など）に固着しているのではなく、漂って生きているものの総称である。ほぼあらゆる分類群を含み、「この分類群はプランクトンであの分類群はプランクトンではない」というような決まりはない。

ネクトン

漂って生きるものとは対照的に、泳ぐ力が強い生物は「ネクトン（遊泳生物）」と呼ばれる。魚やイカ、クジラなどが思い浮かぶ。

ベントス

プランクトンやネクトンとは異なり、泥や砂、岩盤、人工構造物などに固着する生物や、底面の上や砂や泥の中に生きていて通常は底から離れないものは、「ベントス（底生生物）」と呼ばれる。後述の「一時プランクトン」生活を送る無脊椎動物の親の多くは「ベントス」である。「ベントス」という言葉は、「プランクトン」という言葉と同様に、生き方を表しているものであって、分類群を示しているものではない。

多様な生物の中には、プランクトン、ネクトン、ベントスのどれともいえるものがある。例えば、ヒラメの幼生は水に漂うプランクトンだが、親は底に着いたベントスであると同時に、強い遊泳能力を備えたネクトンでもある。

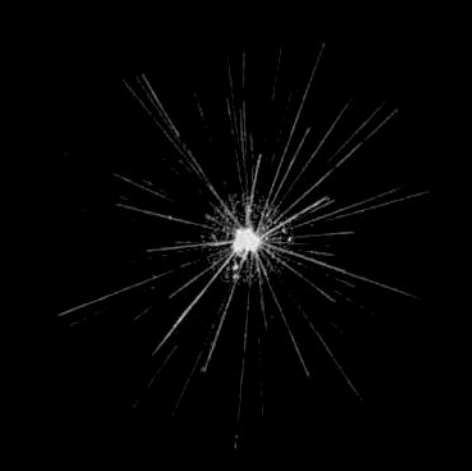

プランクトンの定義と語源

「プランクトン」は、「泳ぐ（移動する）力が微弱か皆無で、流れとともに運ばれるもの」と定義される。しかし、プランクトンと呼ばれながらかなりの移動能力を持つ生物もいる。例えば、オキアミやハダカイワシの仲間には、昼夜で数百 m も上下に昇降するものがある。これほどの遊泳（移動）能力を持つため、プランクトンではなく「マイクロネクトン」と呼ばれることもあるが、「どれだけ泳げたらプランクトンではなくなるか」が定められているわけではない。私は、「プランクトンとは、水に漂う生物で、バケツやプランクトンネットなどで捕まえることができるもの」というのが適当だと考える。プランクトンは、英語では「plankton」と書く。元々はギリシャ語で「あてもなくさまよう者」を意味する「πλανκτον」に由来すると言われている。イギリスのハーディ卿によれば、この「πλανκτον」には「自らの意志に反し漂わなければならないもの」という意味がある。

プランクトンの区分

植物プランクトンと動物プランクトン

プランクトンは、植物プランクトンと動物プランクトンに大別される。前者は「光のエネルギーを使い無機物から有機物を作る（つまり光合成をする）」もの、後者は「光合成の能力を持たず、餌を食べてエネルギーを獲得する」ものである。単に、「動く能力があれば動物プランクトン」というわけではない。例えば、光合成の能力とともに繊毛や鞭毛による遊泳（移動）能力を持つプランクトンが存在する。なお、バクテリアは「バクテリオプランクトン」に区分されるが、「シアノバクテリア（いわゆる藍藻）」は、光合成能力があるので植物プランクトンともいえる。

終生プランクトンと一時プランクトン

海の生物の多くは、一生のある時期、あるいはほとんどの時期を水に漂って（浮遊して）生活する。一生を通していつも漂って生きるものは「終生プランクトン」、ある時期を漂って生きるものは「一時プランクトン」と呼ばれる。ヤムシやオヨギゴカイといった軟らかい生物や、カイアシ類や端脚類といった甲殻類の仲間など、様々な無脊椎動物に「終生プランクトン」が含まれる。

ゴカイやウニ、ヒトデ、ナマコ、貝類、イカ、タコ、エビ……といった無脊椎動物の多くの「幼生※」は、「一時プランクトン」である。イワシ、サバ、マグロに、タイやアンコウなどといった魚類（脊椎動物）の多くも、卵から孵化した後、しっかり泳げるようになるまでの間――ヒトで言えば赤ちゃんから幼児の間は「幼生（魚なので仔魚）」で、「一時プランクトン」である。海の生物の幼生には、親とはずいぶん違った形をしているものがある。幼生はやがて「変態」し、親と似た形になる。小さな（数分の 1 mm から数 mm ほどの）卵から孵化するので、当然小さく、水に漂って「浮遊幼生」として生活する。

小さな浮遊生物は、水中のいたるところに、莫大な量で存在する。ヒトデやエビなど無脊椎動物の幼生や、奇抜な形をした魚の幼生たちを眺めていると「宇宙生物」のように思えてくる。この本に掲載された浮遊生物のどれもが、芸術作品のようだ。その形や生き方は様々であり、進化の過程で絶妙に洗練されてきたに違いない。しかし、彼らのひとりひとりの絶妙さが如何なるものなのか、私たちはまだわずかにしか知らない。

※幼生：無脊椎動物だけでなく、脊椎動物にも一生のはじめの頃を浮遊幼生として生活する生物が多くある。先に挙げたような魚類は小さな卵を産む種類である。卵は親の大きさとはあまり関係なく小さい。直径 0.6 mm から 2-3 mm（まれに 5 mm）ほどである。そこから孵化した赤ちゃんのサイズも小さく、2 mm から数 mm しかない。この小さな赤ちゃんが育っていく間、体の形が親とは似ても似つかない種類も多い。口が著しく大きいものや、鰭条が新体操のリボンのように長く美しいものもある。カレ

プランクトンの大きさ

プランクトンは、大きさ（サイズ）によって下のように区分される。小さいものでは 1 μm 未満のウィルスやバクテリア（フェムトプランクトンやピコプランクトン）、大きいものでは 1 m を超えるエチゼンクラゲ（メガプランクトン）がある。管クラゲ類には、長さ 40 m を超える群体を作るものもある。

大きさ	区分
0.02 - 0.2 μm	フェムトプランクトン
0.2 - 2 μm	ピコプランクトン
2 - 20 μm	ナノプランクトン
20 - 200 μm	ミクロ（微小）プランクトン
0.2 - 20 mm	メソ（中型）プランクトン
20 - 200 mm	マクロ（大型）プランクトン
200 mm 以上	メガ（巨大）プランクトン

海流と潮流の違いとは？

浮遊生物は、海の流れの影響を受ける。ここでは、「海流」と「潮流」、波と流れについて説明する。

（田中祐志）

海流

海で数百とか数千 km もの長い距離を常に動く流れを海流と呼ぶ。わが国で馴染み深い「海流」は黒潮である。黒潮は、北太平洋を時計回りに循環する流れの一部である。この循環は、①太平洋の赤道の北を東から西に流れる「北赤道海流」がフィリピンあたりで北に転じ東シナ海に入って「黒潮」となり、②九州南方沖のトカラ海峡で北東に転じ本州南岸を洗うように流れたあと、③房総半島あたりで東へ流れ去って「黒潮続流」となり、 東経 160 度あたりで「北太平洋海流」と名前を変え、さらに④北米付近に達して南下し「カリフォルニア海流」となったあと、⑤北緯 25 度あたりで西に向き再び「北赤道海流」となる、という大規模なものである（下図参照）。同様の循環が南太平洋にも南北大西洋にもある。

この大規模な循環流は、低緯度で貿易風が東から西に、高緯度で偏西風が西から東に吹いていることと連動している。さらに、地球の自転による「コリオリの力※」が流れの向きを変える働きをしている。

黒潮は時速 7 - 8 km に達することもある。しかし、「常に動く」とはいっても、向きや速さは、いつでもどこでも同じというわけではなく、「一定の（ある長い）時間を平均すると」一定の向きで流れている、ということである。教科書などで海流の模式図が表す向きや速さは、一定時間の平均値であることに注意が必要である。例えば、ある場所で船を出したり潜ったりしているときには、教科書的な海流とは違った流れに出くわすことがある。

北太平洋全体を時計回りに循環する海流の模式図

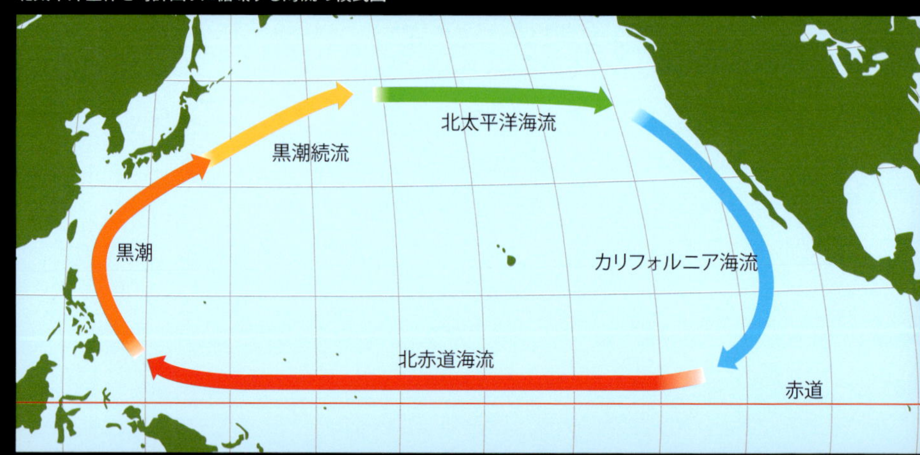

潮流

潮の満ち干き（潮汐）に伴って起こる流れのこと。潮汐は約1日（より正確には南中した月が翌日また南中するまでの24時間50分の間）に2回起こり、潮流も約1日に2回の周期で変動する。潮流の成因は、主として月と太陽の引力と、地球の公転による遠心力である。満月と新月のときは、地球と太陽を結ぶ線上に月が来るので、潮汐が大きく潮流が強い。逆に、半月のときには潮流が弱い。さらに地形も潮流に影響する。例えば、有明海では特殊な地形のために潮汐が大きく潮流が強く、本州の日本海沿岸では太平洋沿岸と比べて干満の差が著しく小さく潮流も弱い。

海流と潮流以外の流れ

地球規模の風や潮汐が起こす海流や潮流以外にも、例えば異なる密度の水が接していた場合にその密度の差が起こす流れ「密度流」がある。低密度の（軽い）水は高密度の（重い）水の上にのしかかっていき、重い水は軽い水の下に差し込んでいく。さらに、様々な成因で起こった流れが島嶼や海底火山にぶつかったり、狭い海峡を通り抜けたりする際には、二次的に渦が出来たり上下方向の流れが起こったりする。

波と流れ

海面の「波」は流れではなく、水面の上下運動である。上下運動の大きさや周期は様々で、静かな海で弱い風が吹いたときに起こるさざ波（海面にできる）のように1秒以内に上下するものもあれば、数秒から十数秒ほどの間に数十cmから数mも上下する風波やうねり、あるいはもっと巨大になり得る津波、さらには潮汐に伴う1日約2回の水面の昇降も、波である。波があると、一定の範囲の中で水が往復するので、ある場所で短い時間だけ眺めると水は流れているが、長い時間を平均すると一定の場所に留まっていることになる。ただし、波による水の動きは、長い時間を平均したときにも、地形の効果によってある向きと大きさを持つこともある。

※コリオリの力：物体が回転座標系上で移動する際に、移動方向と垂直な方向に、移動速度に比例した大きさで受ける見かけ上の力である。コリオリ力（りょく）、転向力（てんこうりょく）ともいう。

浮遊生物を観察してみよう！

浮遊生物は、意外と身近な存在である。ちょっとしたポイントをおさえれば、容易に観察することができる。

（阿部秀樹）

おすすめの季節

暖かくなれば暖水性の生物、寒くなれば冷水性の生物と、浮遊生物はいつも身近にいる。春に産まれて夏から初冬にかけて浮遊幼生期を過ごす生物もいれば、夏に産まれて秋から冬にかけて浮遊幼生期を過ごすものもいる。浮遊生物の観察にはどの季節も適していると言えるが、特に春や秋など潮汐が大きくなる季節は、観察におすすめである。

地形と潮流でポイントは決まる

地形は浮遊生物を探す上で重要である。海岸や海底の地形によって流れが大きく変わるためだ。奥深く入り込んだ湾では外洋種は望めないが、静かな内湾を好む生物が多く見られる。川が流れ込んでいれば、その川に遡上する生物も見ることができる。また、外洋に突き出た岬では、その外側と内側で現れる生物が大きく違うことも多い。一般的には、水の出入りが少ない奥深い湾奥まで入り込む生物は少ないため、毎回決まった種だけが集まる傾向があり、見ることのできる種数も比較的少ない。

一方、外洋に面した場所では、その時々で様々な生物が姿を現す。そのときの流れによって生物が多かったり少なかったりする。また流れが速いと、生物を見つけても遠くに行ってしまうということもある。

浮遊生物の観察には、潮汐も大きく影響する。常に潮当たりがよい場所は別にして、ほとんどの場合、満潮に向かう時間帯がいいようだ。私の経験では、流れが岸から沖に向かう干潮時には生物が少ない。

沼津市大瀬崎

ピンク色：流れ
黄色：陸上の採集ポイント
緑色：潜水観察ポイント
紫色：淀み

陸からの観察

陸からの観察では、足場が低く波が静かな漁港などの堤防が最適だ。堤防では外海側が良いと思うかもしれないが、外海側は常に波が当たるので、堤防の外縁に波消しブロックが入れてある場所も多い。このような足場の悪い場所は、転落などの事故の危険が高く、観察には向かない。堤防の内側（つまり港内）でも生物の溜まる場所は多い。港の奥に浮く流れ藻など、外から入ってきた浮遊物が溜まる場所では、その下に浮遊生物が隠れていることが多い。

水中での観察

浮遊生物の水中での観察方法は、ダイビングが一般的だ。ただし、観察相手が小さい場合が多いので、中層でも中性浮力が確実に取れる技量、練習を欠かさないようにしたい。水面直下や流れ着いた浮遊物の下、潮が淀む場所、潮目などが観察ポイントとく集まるところは最適だ。ただ、そのようなポイントの中には少し移動しただけで流れが急になったり、沖出しの潮があったりする場所もある。その海をよく知っているガイドダイバーの案内で潜るのが最低限の決まりごとだ。

昼と夜の観察

小さくて透明な体のものが多い浮遊生物日中は透明な体が背景に溶け込んでしまうので見つけにくい。こういう生物を探すのには慣れが必要だ。夜は集魚灯を灯し、そこに集まる生物を観察することになる。小さく透明なものでも、光に照らされた姿は白く映り、日中に比べて発見は容易だ。ただし足元は暗いので、安全には十分に配慮したい。陸上観察ではライフジャケットを必ず着用する。万が一海に転落した場合に備え、明るいうちに陸に上がる場所を確認した上で観察場所を決めたい。

長門市青海島の船越湾
春から晩秋までは、1日の時間帯によらず流れの速さに大きな変化はない。

風の穏やかな日を狙おう

浮遊生物の多くは小さく見つけにくいので、陸上から観察するときは穏やかな凪のときが狙い目だ。これは風の影響を陸上ほど受けない水中での観察でも同じだ。浮遊生物の観察では、表層近くを漂うものを探すことになる。水中では、小さな風波でも体が揺れてゆっくり観察することは難しい。

風によって起こる流れは、浮遊生物の観察には重要だ。下図で示すように、陸側から風が吹くと、表層の水は沖側に流される。それを補うため、沖の深場の水が下から入ってくる。特に岸近くに深海からの谷筋があれば、深場の水が岸近くに湧き上がる。このような現象は「湧昇（ゆうしょう）」と呼ばれる。有名な富山湾の「アイガメ」と呼ばれる場所では、岸側から風が吹くと円形に真っ青な水が見えるポイントがある。この真っ青な水は、湧昇によって深場から表層まで上がってきたものと考えられる。「アイガメ」という呼び名は、「甕にたまったきれいな水」に由来すると私には思われる。地元富山では、深海から富山湾に貫入している海底峡谷の地形を意味するとも言われている。富山湾の春の風物詩であるホタルイカの身投げは、この「アイガメ」水域で「アイガメ」現象が見られた日に起こりやすい。この本でも多くの写真を撮影した場所の1つである沼津市の大瀬崎も、駿河湾とその奥に続く内浦湾で起こる湧昇の恩恵に預かる場所である。私は、長年の観察から、沼津から獅子浜辺りで深場の水が表層に現れ、さらにその水が大瀬岬に当たって湾内に入るのだと見ている。予めこのような湧昇のホットスポットを予測して潜ることができれば、出会いのチャンスは闇雲に潜るのと比べて圧倒的に大きくなる。また、小笠原諸島でも海底地形・流れと相まって深場の水が岸近くに上がってくる場所がある。

岸から沖に向かう風がもたらす局地的な湧昇

湧昇のしくみ

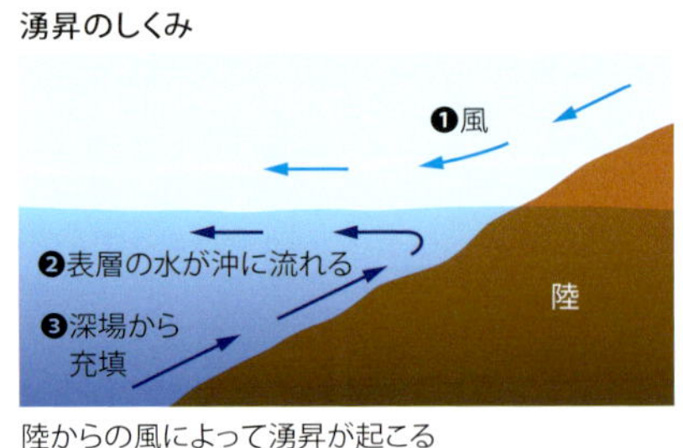

陸からの風によって湧昇が起こる

大瀬崎の場合

沖合の深場の水が沿岸の浅場に持ち上げられ、私たちが深場の生物との遭遇を楽しめる確率が高い場所

淀みが起こりやすいエリア

湧昇により沼津から獅子浜あたりの表層に昇ってきた深場の水が大瀬崎までやってくる

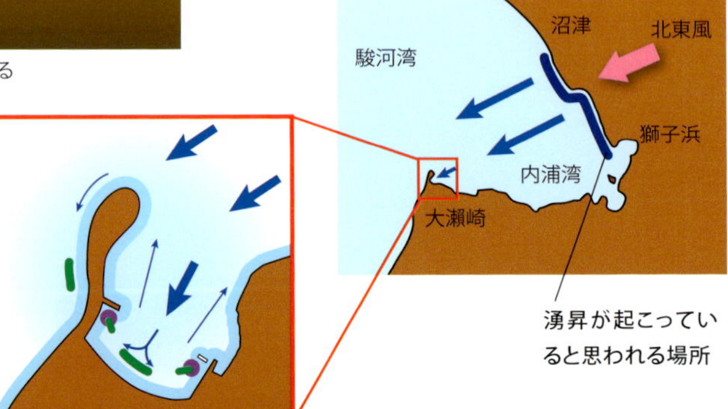

港の中の「流れ藻」
周囲には浮遊生物も多い。足場が良いので観察に向いている場所の1つだ。

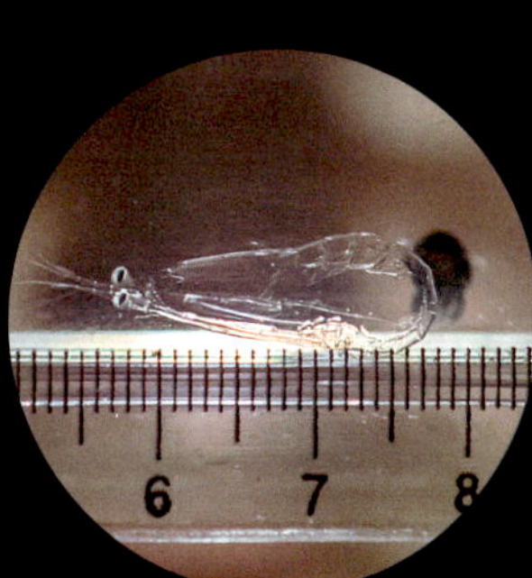

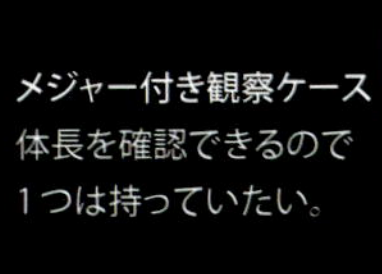

メジャー付き観察ケース
体長を確認できるので1つは持っていたい。

夜の堤防での観察風景
ライトで水中を照らして浮遊生物を集める。救命胴衣は必ず身に着けておくこと。

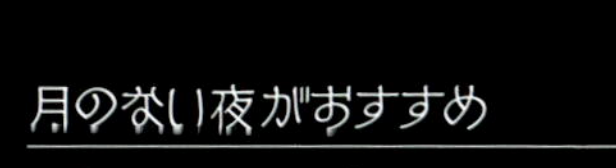

月のない夜がおすすめ

「月夜はイカが釣れない」。漁業者から聞く言葉だ。これは、浮遊生物の観察にもある意味で当てはまる。ある意味といったのには理由があり、確かに満月の晩は光に集まる生物は減少する。よく言われるのは、月夜には捕食者の眼から逃れるために深い場所に移動する、ということだ。果たしてそうだろうか。遊泳力のない浮遊生物が水面下から捕食者たちがいる一番危険な場所まで泳いで移動するとは、私には思えない。

満月の晩は私たちが想像する以上に明るい。地面にもはっきりと影ができ、新聞を読めるほどの明るさだ。陸上と同様に浅い水面下も月に照らされて明るくなる。そうなると、集魚灯の光の効力は想像以上に落ちて、光に集まる生物は減少する。この影響は海面近くほど、また透明度が高いほど顕著になる。

絶大な威力を発揮するライトトラップ

夜間の観察や撮影では、ライトを使うことになる。昼間は水に溶け込んで見えない生物も、ライトの光によって照らし出されると驚くほどはっきりと見つけることができる。数 mm しかない小さな生物を見つけることも容易だ。そしてライトは、生物をおびき寄せる効果もある。多くの幼生は正の走光性（生物が光の刺激に反応し光に近づく性質）を持つので、集魚灯（ライトトラップ）という集魚方法が考えられたのだ。では負の走光性を持つ生物にはまったく効果がないかというと、答えはノーだ。遊泳力の弱い幼生たちは、集魚灯の直前に自ら近寄ることはないが流れに乗ってライトの前を横切り暗闇に消えてゆく。ライトがあるからこそ照らし出されるのだ。

色温度

光には、赤や青といった色がある。この光の色を表す言葉が色温度だ。熱力学の基礎的研究を行ったイギリスの物理学者ケルビン卿の名を取ったケルビン（以下 K として表示）が、色温度を表す世界基準単位となっている。焚き火のように低温の光源

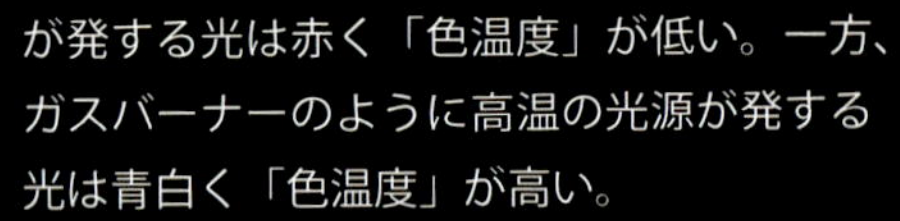

が発する光は赤く「色温度」が低い。一方、ガスバーナーのように高温の光源が発する光は青白く「色温度」が高い。

生物にはそれぞれ好みの色があり、色温度は、ライトトラップを行う上で重要となる。大まかにいうと、カイアシ類を初めとする甲殻類やゴカイ類などは色温度のやや低い 4,500 - 5,500 K、浅海性魚類は 5,000 - 6,500 K、イカ類や深海魚は 6,000 K 以上で多く集まる傾向がある。

ライトの種類

ライトの電球には、クリプトン球からハロゲン球、劇的に明るい高輝度放電ランプ（HID）、現在の主流である発光ダイオード（LED）など、いろいろな種類がある。照度の高いライトは確かに集魚効果が高いが、狙った種類の生物を集めるためには、色温度を合わせることも重要だ。

水中用ライト
光量や色温度の違う様々なライトがある。

色温度の違い
左は色温度が低いライト、右は色温度が高いライト。集まる浮遊生物も異なる。

結論から言うと、最もすぐれているのはHIDで、波長の抜けが最も少なく集魚効果が高い。しかし、球の単価が高い上に寿命も短く、衝撃を加えると球切れも多い、取り扱いの難しいものである。

ライトの照射方法（陸上の場合）

光の照射方向や角度によって生物の集まり方に大きな違いが出る。堤防などで陸上から観察する際には、水面直下に水中ライトを沈めて水平方向に照射するのが効果的だ。ライトの前を流れる小さな浮遊物を見ていると、どの浮遊物もある一方向に流れていくのがわかる。ライトは、浮遊生物が流れてくる方向に向けると効果がさらに上がる。

ダイビング用ウエイトを取り付けた海底設置用の水中ライト

陸上観察の注意点とコツ

- 外灯が近くにあると集魚灯の効果が低く成果は期待できない。
- 日中のうちに現場を確認して、救命胴衣を着用する。
- 転落のことを考えてロープを垂らしておくと良い。
- 水中ライトがあるのなら、トラップバー（ライトを安定して吊るす器具）で水中から照射する。
- 水中ライトは水面直下に垂下し水平に照射する。
- 水中ライトがない場合は普通のライトで堤防の上から水面を照らす。
- 堤防の上から照らすときは、遠くを照らすより足元を照らすくらいのほうがいい結果が得られる。
- 水面からの高さが1m以内の低い堤防がおすすめである。
- 高い堤防は小さな生物が見つけにくい。また、転落すると容易に上がれないので危険である。
- 近くに養殖生け簀などがある場合、イセエビなどの重要水産種を管理していることがあるので、必ず漁業者の許可を得る。

ライトの照射方法（水中編）

水中でのライトの配置や数は、水深、地形、流れ、予想される生物によって異なり、非常に難しい。基本的には角度を 5 - 30 度ほど上方に向け、沖側に向けて照らす。また、角度を少し上向きに設置すれば表層を漂う生物を呼び込むこともできる。ただし、設置する場所が 5 m より浅い場所では、水面直下だけに生物が集まってしまうこともある。深い場所がすぐ近くにある岩棚などでは、ほぼ水平に照らすと湧昇流に乗って上がってきた生物を集めることができる。

同じ種類のライトを数十 m 離して設置すると、ライトの場所や方向、角度によって集まる生物の種類がまったく異なることがある。様々なライトの種類や設置方法を試してみるのも、浮遊生物観察の楽しみの 1 つだ。

水中での照射法

地形と流れ、呼び込む生物を考えてライトを設置する

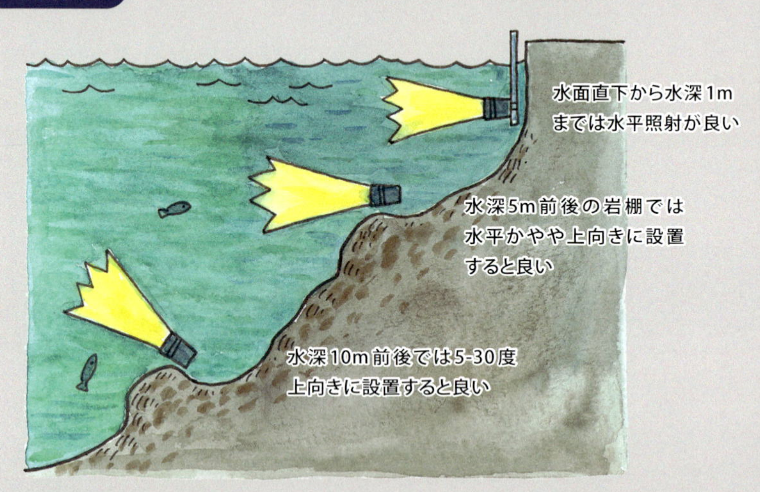

ライトの置き方 1

水平に照射

岩棚の上などに、水平に照射するライトを一直線上に並べる

直線的な壁や斜面、平坦地でも流れの方向に平行に設置すると効果がある。淀みのできる場所に光量の強いライトを設置すると特に効果的だ。正の走光性を持つ生物はもちろん、負の走光性を持つ生物もライトの前を通過するので見つけやすくなる。

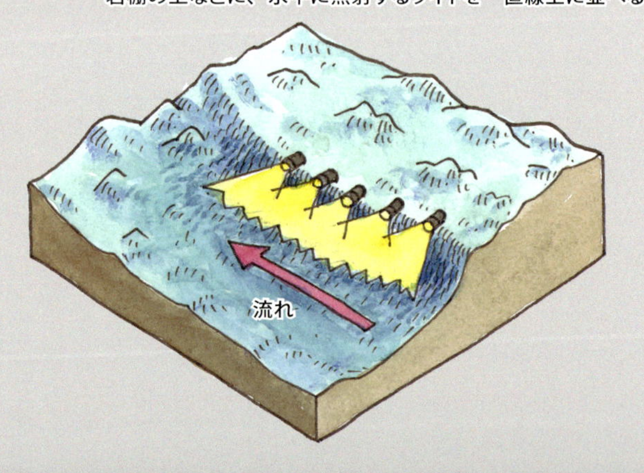

ライトの置き方 2

V 字に照射

切れ込んだ谷状の場所では特に有効で、谷の淀みに入り込んで来る生物を集めることができる。

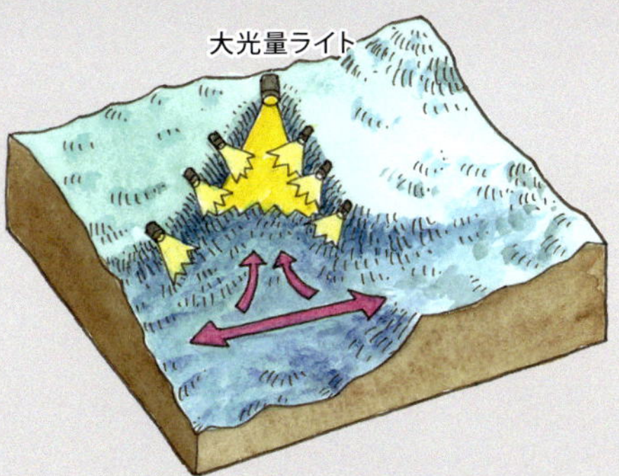

ライトの置き方 3

色温度を変えて照射

色温度の異なるライトを 5 m ほど離して設置する。それぞれのライトに異なるグループの生物が集まる。応用すれば、撮影の邪魔になるカイアシ類や微小な生物を一方のライトに集めることも可能だ。

ライトの置き方 4

上方にも照射

トビウオなどの水面直下に生息する生物を観察・撮影するのに有効な方法。水深10 m ほどに設置すると効果的に生物を中層に呼び込むことができる。

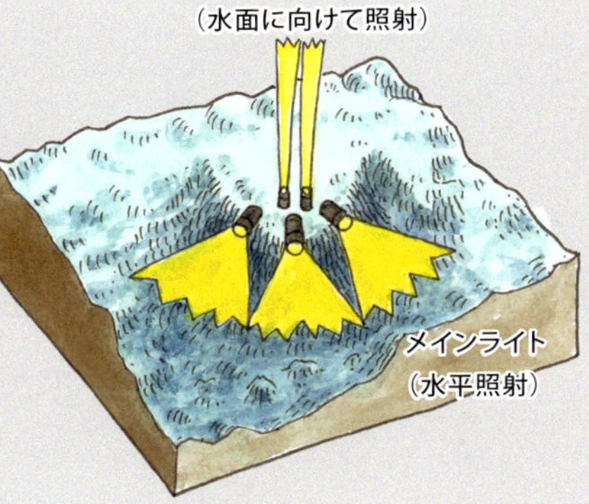

ライトの置き方 5

傾斜に沿って照射

湧昇流があり、V 字谷に沿って流れが表層に上がるような場所では、やや深い場所にいる浮遊生物を浅い場所に設置した大光量ライトに呼び込むことができる。

浮遊生物の撮影に挑戦!

「奇妙奇天烈」という言葉がぴったりの不思議な形の浮遊生物。その姿を写真に残したいと思う人は多い。撮影方法を簡単に紹介する。（阿部秀樹）

陸で撮る場合

採集した生物はなるべく容積の多いバケツなどに入れる。酸素欠乏が心配だが、それよりも重要なのは水温の変化だ。小さい容器に入れてしまうと、特に水温と気温が異なる季節には水温の急激な変化により、浮遊生物を弱らせてしまうことがある。当然、酸素欠乏になれば死んでしまう。

バケツに入れた浮遊生物を、水とともにアクリル製の容器に入れれば簡単に観察できる。近年のコンパクトデジタルカメラの中にはマクロ機能が備わっているものや、拡大撮影が楽しめる顕微鏡モードを備えているものもあるのでその機能を利用すると良い。その場で撮影するときには、容器を台の上に乗せて撮影しよう。夜ならば暗闇側を背景にすればそのままでも撮れるが、より美しい写真を目指すなら背景となる紙や布を用意する。背景はベルベット状の布が反射も少なく使いやすい。

照明にカメラの内蔵ストロボを使うと、アクリル製の容器は正面で反射してしまい、被写体をきれいに撮ることは難しい。ライトを使って容器の斜め後ろから光を当てると透明な生物の輪郭が出る上、透明感も出すことができる。また、カメラを装着できる携帯型の低倍率顕微鏡があれば、放散虫などの造形美を楽しむことができる。

浮遊生物採集の装備と道具

水中で撮る場合

この本に掲載する多くの写真は、水中カメラで撮影したものだが、カメラ本体は陸上用の一眼レフカメラだ。コンパクトデジタルカメラでも撮影は可能だが、シャッターチャンスを逃さないためには、一眼レフのほうが一枚上手だ。その一眼レフカメラを防水ケースに入れて使う。

小さな生物の撮影が中心になるため、マクロレンズを使用する。浮遊している生物を自分も潜りながら撮るのだから、ダイビングテクニックも磨かなくてはならない。何の支えもない水中での撮影になるため、被写界深度の狭い、すなわちピントの合う幅が狭い焦点距離の長いレンズはどちらかというと不向だ。私の場合、60 mm マクロレンズを使用することが多い。小さな生物に近づいて撮影するため、絞りは被写界深度を深くするために、f 11 から f 16 まで絞って撮影している。

撮影器材の水中重量やバランスも大切な要素で、少しのカメラの動きがファインダーから被写体を外し、見失うこともよくある。フロートアームや浮きなどで水中重量が 100 g 前後になるように調整しておけば、一日中片手で撮影しても疲れることはなく、手ブレも防げる。

水中撮影では、照明を使わなければ色を出すことができない。そのために使うのが、水中ストロボや撮影用の水中ライトだ。水中ストロボは強烈な瞬間閃光を出すので、生物の姿を鮮明に撮影することができる。その反面、目的の被写体以外のわずかな水中浮遊物も写し出す。沖縄の海のような、美しく澄みわたった海でもよく見ると微小な浮遊物がある。ストロボを使うとそのような小さな浮遊物も写し撮ってしまうため、ストロボの向きに注意して撮影しなくてはならない。スヌートという漏斗状のものをストロボに被せ、被写体だけに光を当てる方法も有効だ。あまりにも浮遊物が多いときにストロボ撮影すると、浮遊物に当たった光が乱反射を起こし、画面全体が真っ白の写真になってしまう。そのようなときは、水中ライトを使用する撮影が効果的だ。水中ライトはストロボに比べると光量が小さく、浮遊物を目立たなくしてくれる。ただし、瞬間発光のストロボと異なり手ブレが起きやすいため、ISO 感度を上げ、できるだけ速いシャッタースピードにする。理想は 1/250 以上だ。そして、手ブレを防ぐために両脇を締めて絞るようにシャッターを切る。

水中での撮影機材

透明な生物の撮影には被写体を鮮明に照らし出すターゲットライトは必需品。ストロボも多灯が有利。

自作の穴あきレンズフード

カメラが起こす水の乱れによって被写体が動かないように、レンズフードに水を逃すための穴を空けている。

浮遊生物を計測してみよう!

体のサイズの大小は、浮遊生物の生理・生態にとって決定的な要素である。また、浮遊生物の種類の判定にも非常に重要な情報である。長さのわかるものを被写体とともに撮っておけば、正確な大きさを知ることができる。計測部位をレンズの正面に向けて撮るのが良い。(若林香織)

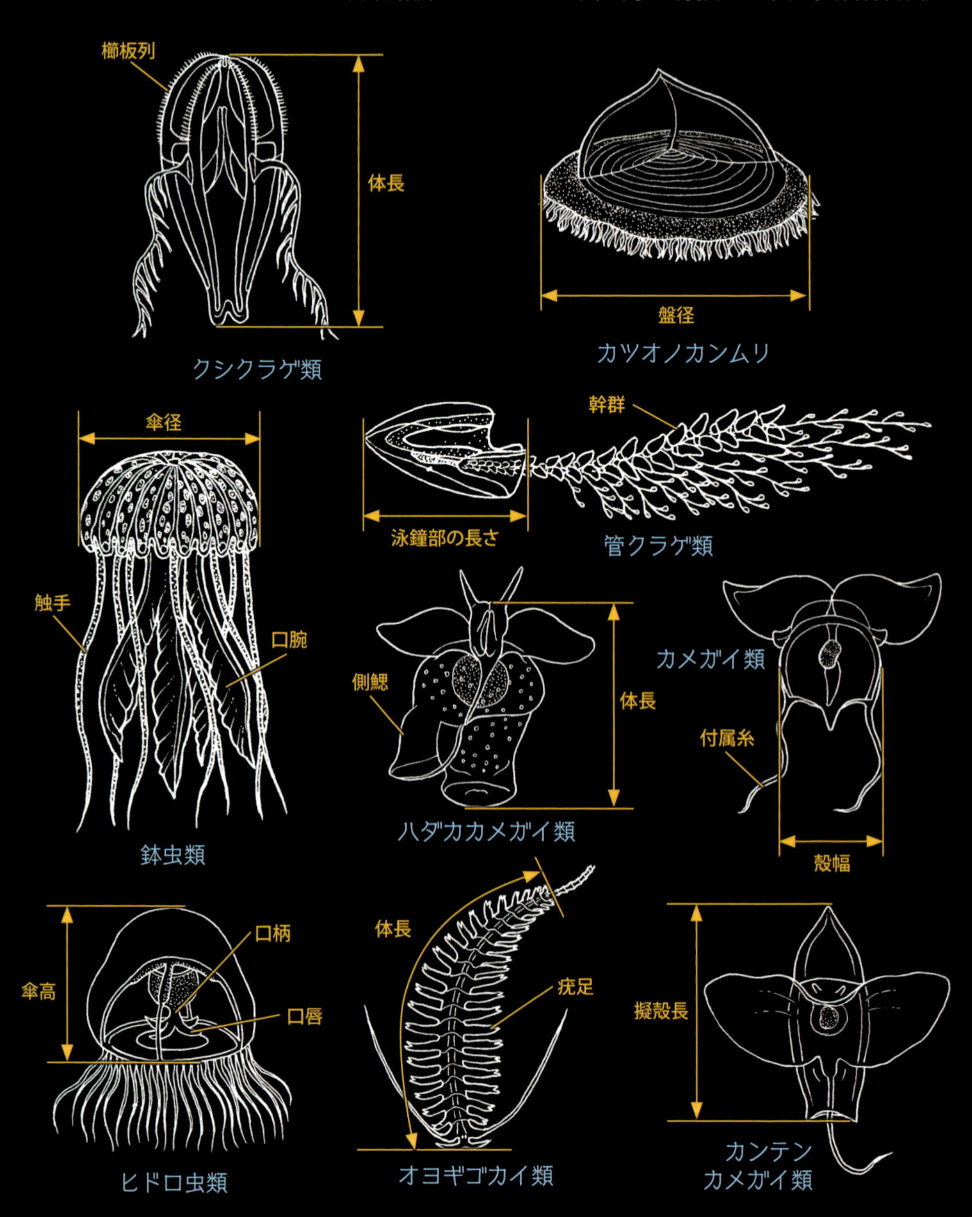

体がゼラチン質で軟らかい

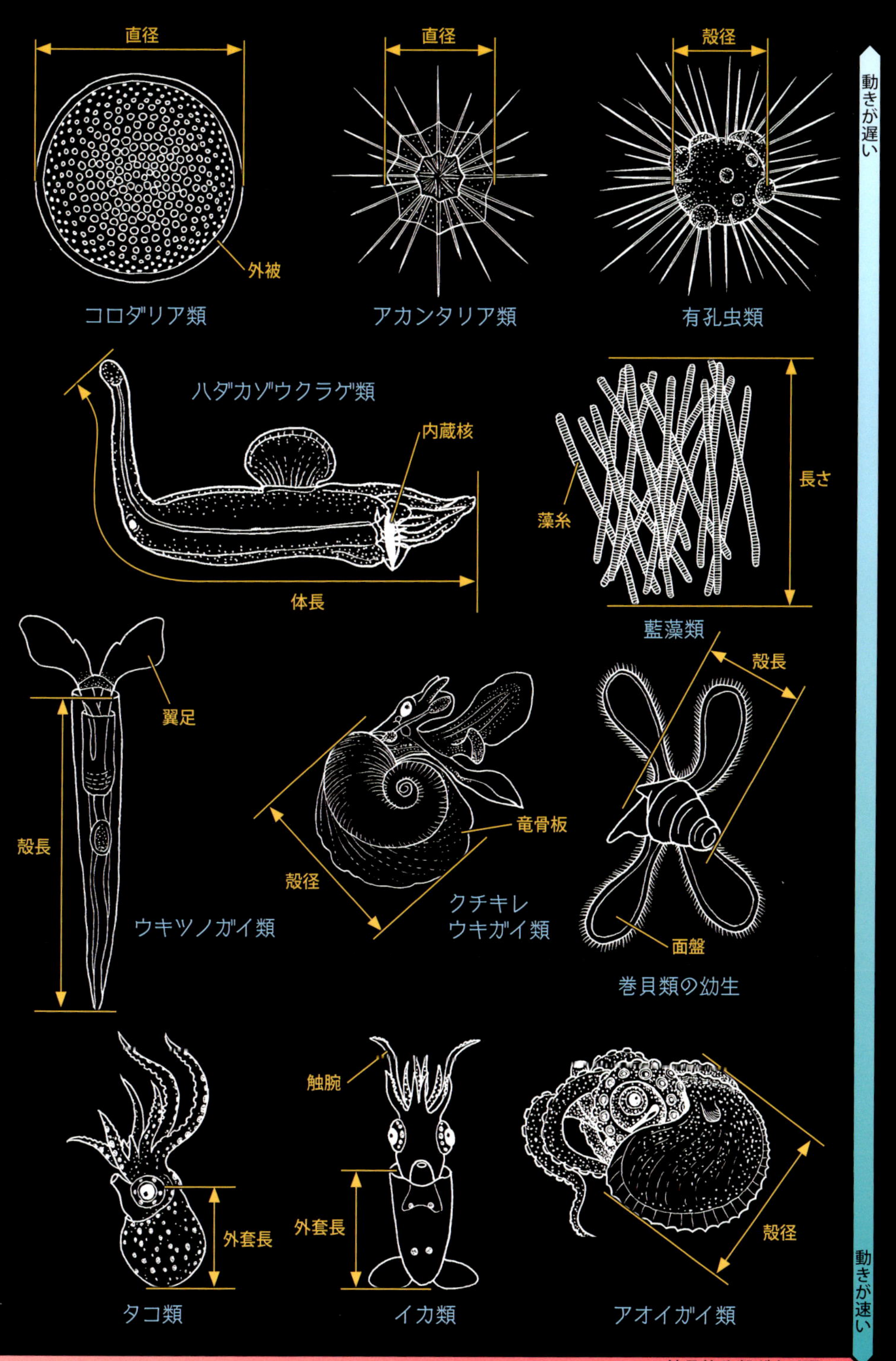
直径
外被
コロダリア類
直径
アカンタリア類
殻径
有孔虫類
ハダカゾウクラゲ類
内蔵核
体長
藻糸
長さ
藍藻類
翼足
殻長
ウキツノガイ類
竜骨板
殻径
クチキレ
ウキガイ類
殻長
面盤
巻貝類の幼生
触腕
外套長
タコ類
外套長
イカ類
殻径
アオイガイ類
動きが遅い
動きが速い
外骨格や殻があり硬い

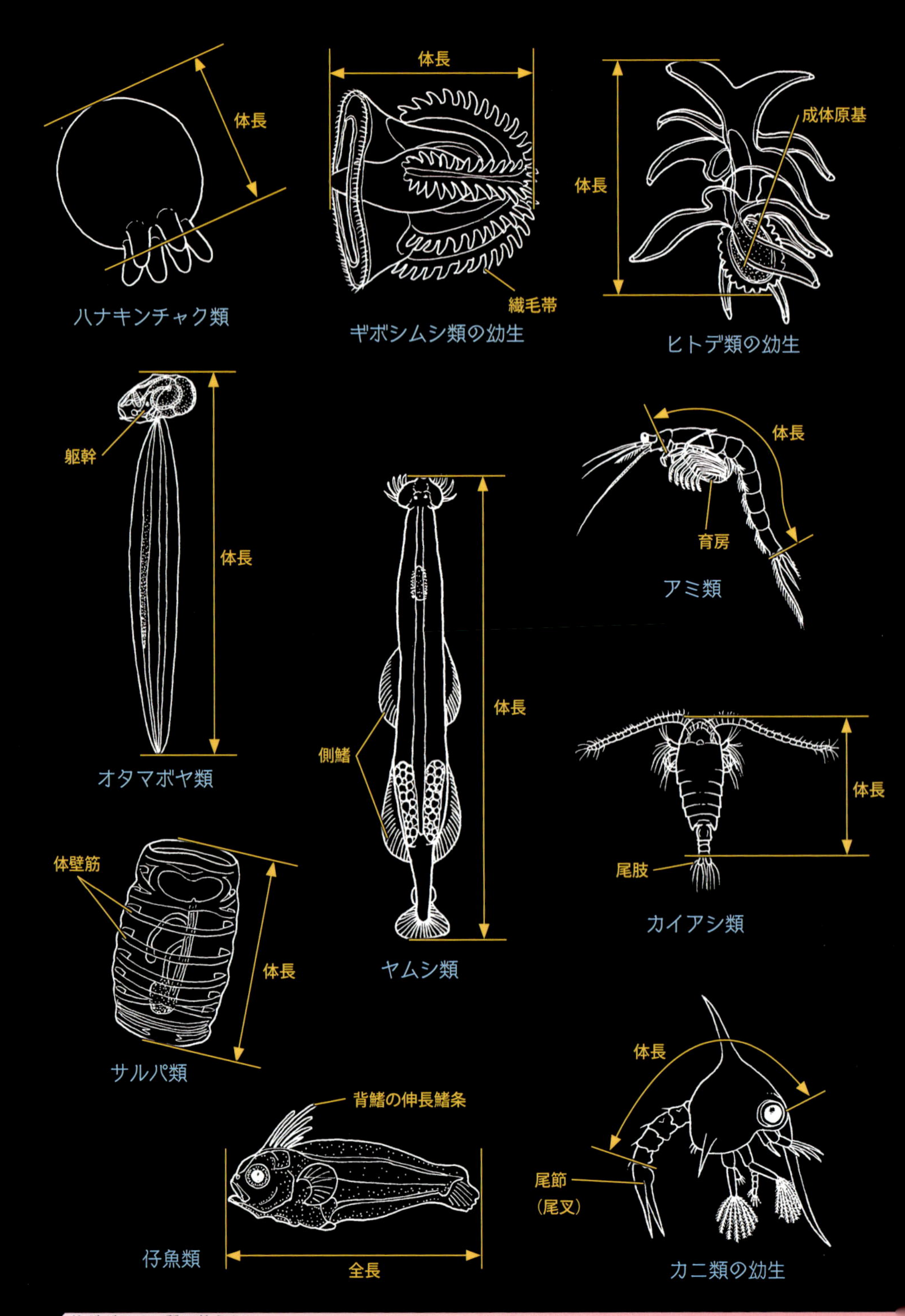

体がゼラチン質で軟らかい

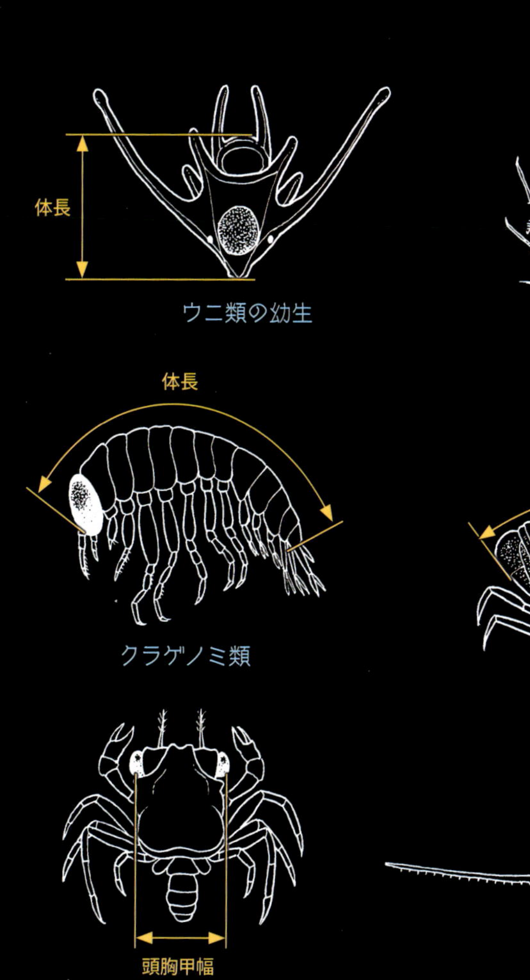
体長
ウニ類の幼生
体長
クラゲノミ類
頭胸甲幅
カニ類のポストラーバ

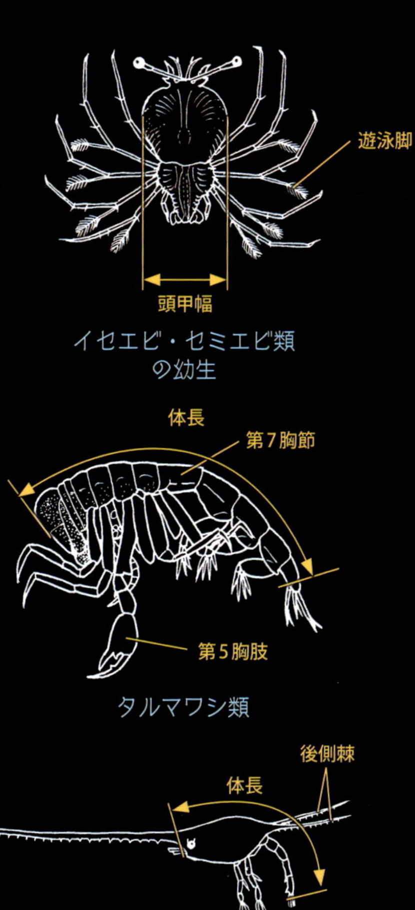
遊泳脚
頭甲幅
イセエビ・セミエビ類
の幼生
体長
第7胸節
第5胸肢
タルマワシ類
後側棘
体長
カニダマシ類の幼生

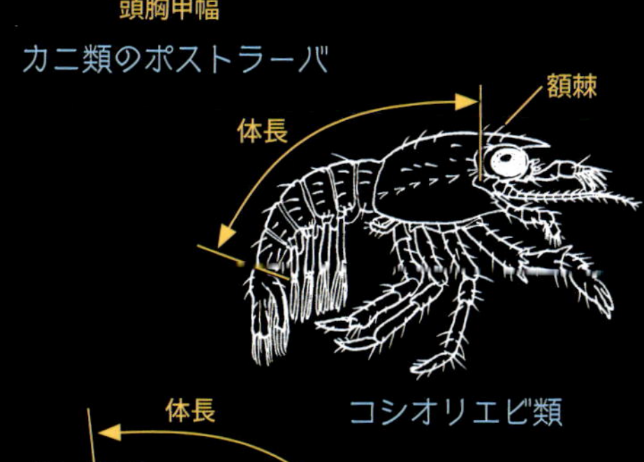
額棘
体長
コシオリエビ類
体長
エビ類
第2腹節

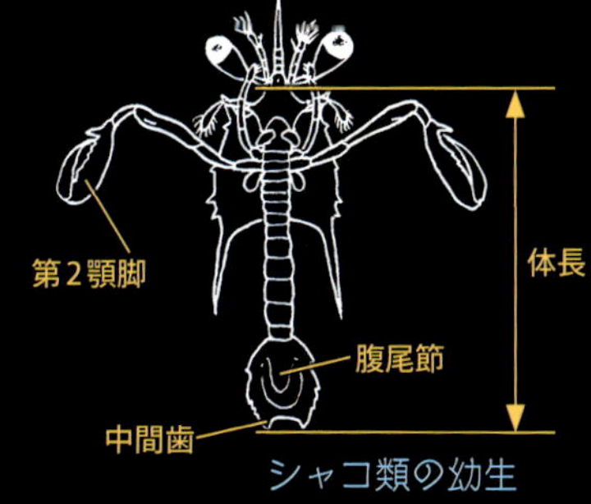
第2顎脚
体長
腹尾節
中間歯
シャコ類の幼生

動きが遅い
動きが速い
外骨格や殻があり硬い

用 語 解 説

育体（phorozooid）：ウミタル類の生活環にある、ナースに続く第２無性生殖世代。ナースの背芽茎で生産され、分離する。腹芽茎と呼ばれる突起を持ち、そこから有性生殖個体を無性的に産み出す。

胃盲嚢（gastric caecum）：胃（胃腔）から膨出する盲嚢。

泳鐘（nectocalyx, swimming bell）：管クラゲ類の群体のなかで、泳ぐことに特化した個虫。基本的な構造は他のヒドロ虫類と同様だが、口柄を持たない。

外套（mantle）：軟体動物が持つ内臓を背側から覆う筋肉質の膜。貝殻を分泌する。

幹群（cormidium）：管クラゲ類が持つ生殖体や栄養体などの個虫からなる１つのユニット。紐状の幹に一定の間隔で並ぶ。

眼柄（eyestalk）：頭部と離れた位置にある眼を支える枝状の支持器官。エビ類やカニ類などに見られる。

躯幹（trunk）：動物の胴体部分のこと。

群体（colony）：分裂や出芽などによって生じた個体が互いに連結して築く集合体。栄養や外的情報などが個体間で交換される。個体のことを個虫と呼ぶ場合もある。

口触手（oral tentacle）：口の周辺にある触手。主として餌の捕獲に役立つ。

口前葉（preoral lobe）：ヒトデ類やナマコ類などの幼生が口の前方に持つ額のような部分。繊毛帯が周囲を取り巻く。

口柄（manubrium）：クラゲ類の傘の内側にぶら下がる消化器官。先端に口が開き、基部付近に胃腔がある。

口柄支持柄（peduncle）：口柄の基部に形成される口柄の支持器官。

膠胞（colloblast）：クシクラゲ類が持つ粘着性分泌物を出す細胞。

個虫（zooid）：群体を構成する個体。餌を食べて栄養を獲得するものや、有性生殖を担うものなど、特定の役割を持つ。

鰓蓋（branchial mantle）：硬骨魚類の鰓裂の外側を覆う保護的器官。「えらぶた」と読むこともある。

傘膜（umbrella）：イカ類およびタコ類の腕と腕の間にある膜状の筋肉。腕間膜（interbrachial membrane）とも呼ぶ。

色素胞（chromatophore）：色素を産生・保有する細胞または細胞の集合。体色変化を司るほか、感覚器官として機能することもある。

子午管（meridional canal）：クシクラゲ類の体表にある櫛板列のすぐ内側を走る管状の器官。子午管には分岐した枝管があり、循環器として機能する。

櫛板（comb plate, ctene）：数本の繊毛が合一し、その基部が膠着されて板状になった繊毛束。遊泳器官として機能する。「くしいた」と読むこともある。

刺胞（nematocyst, cnida）：刺胞動物の体表や触手などの上皮に埋在する、刺糸を備えた細胞小器官。貫通刺胞や粘着刺胞など、機能の異なる様々な刺胞がある。

袖状突起（oral lobe）：カブトクラゲ類において、触手面に対して平行に広がる口縁。羽のように開閉して大きな推進力を得るのに役立つ。

触手（tentacle）：触覚や化学感覚の受容を担う自由に伸長・屈曲する突起物。通常、動物の体の前方や口の周辺にある。

棲管（tube）：体外に分泌して形成する保護

構造物。体に密着せず、巣のように出たり入ったりするものでもない。環形動物などによく見られ、ゼリー状のものや粘液で砂や貝殻片を固めたものなどがある。

繊毛（cilia）：生物の体表にある繊維状の運動器官。貝類や棘皮動物などの幼生は体表に生える繊毛を使って遊泳・摂餌する。

繊毛環（ciliary band）：体表を環状（あるいは帯状）に取り巻く繊毛の密生域。繊毛帯ともいう。口の前方にある繊毛環は口前繊毛環、後方のものは口後繊毛環である。

側扁（laterally flattened）：左右方向に圧縮されたように平たいこと。これに対し、背腹方向に圧縮されたように平たいことを縦扁（dorsoventrally flattened）という。

内骨格（endoskeleton）：体の支持あるいは保護などの機能を持つ骨格のうち、体内にあるもの。内骨格に対し、貝類や甲殻類の殻のように体の外側を覆うものを外骨格（exoskeleton）という。

ナース（nurse）：ウミタル類の生活環にある第１無性生殖世代。受精卵から生じた個体で、背芽茎を形成し育体を無性的に産出する。背芽茎には栄養産出や呼吸を担う個虫が配列する。母体（樽の部分）は消化・呼吸器官を持たず、もっぱら遊泳器官として働く。

背芽茎（dorsal stolon）：ウミタル類のナースに形成される群体。背芽茎にはエネルギー産出や呼吸に関わる個虫と、第２無性生殖世代である育体の原基（芽体）が配列する。

ビピンナリア腕（bipinnaria arm）：ヒトデ類のビピンナリアが体の左右に持つ５対の突起。繊毛帯がビピンナリア腕の周囲を取り巻く。

平衡胞（statocyst）：無脊椎動物における平衡器官。個体の位置や姿勢を感じる。内面には感覚毛があり、胞内には１個または１塊の平衡石がある。

変態（metamorphosis）：幼生の発育過程において、成体とほぼ同様の形態、生理、生態へと転換する過程。

保護葉（bract）：管クラゲ類の群体を構成する個虫の１つで、他の個虫を覆って保護するもの。端部には感覚細胞や刺胞が多い。軟骨のように硬いものもあれば、嚢状で軟らかいものもある。

捕食寄生者（parasitoid）：発育を終えるのに必要な栄養を摂取したのち、宿主を殺してしまう寄生者。

ポストラーバ（postlarva）：エビ類やシャコ類などにおいて、幼生から変態後、稚エビや稚シャコになる前に経過する短い段階。形態、生理、生態は幼生とも成体とも異なる。分類群によって固有の名称が与えられている場合がある。幼生期の一部と考える研究者もいる。

盲嚢（caecum）：一端が閉じた消化管。胃にあれば胃盲嚢、腸にあれば腸盲嚢と呼ぶ。

ユードキシッド（eudoxid）：管クラゲ類において、泳鐘を含む幹群の一部が幹から離脱して独立生活を営むようになったもの。ユードキシッドは無性生殖によって生じ、それ自体は有性生殖を行う。

幼生（幼体）（larva）：一般に、受精卵として生じた個体がその発育過程において、成体とは異なる形態、生理、生態を持って独立の生活をする段階。クラゲ類のエフィラのように、無性生殖によって生じる例外的な幼生もある。

本書の使い方

❶**標準和名**　種の学名に対応する日本名。種を同定できなかった生物については「イセエビ属の1種」のように表記した。本書で新しく提唱した放散虫類の和名には「（新称）」を付記した。

❷**分類上の区分**　その種が属する分類群の名称。

❸**学名**　世界共通の生物分類群の名称。ラテン語やギリシャ語で表記される。種の学名は属名と種小名で構成され、斜体または下線で記す。学術的には、これに命名者名と公表年を続けるが、本書では省略した。種を同定できなかった生物については「属名＋sp.（複数の場合はspp.）」や「科名＋ gen. et sp.（複数の場合はgenn. et spp.）」で表記し、科も不明な場合は判別可能な最下位の分類群名を示した。gen. はgenus、sp.はspecies（それぞれ属、種の意味）の省略形で、etは英語のandの意味である。

❹**解説**　被写体の発育段階、体の構造、海中での生態、他種との見分け方などの解説。

❺**被写体の大きさ**　全体や体の一部の大きさ。浮遊生物の大きさを表す単位は基本的にmm（1m以上の場合はm）、海底で生活する成体の大きさの単位はcmを用いた。計測部位は生物によって異なる（p.22参照）。

❻**撮影場所と時期**　撮影した場所の地名（下図参照）と時期。

❼**深さ**　浮遊生物を撮影した深さを「深度」で表し、数字だけを示した。海底で撮影した写真には数字の前に「水深」を付けた。

❽**写真**　フィールドで撮影した生態写真。クレジットのない写真はすべて阿部秀樹が撮影した。

撮影場所

❶伊豆大島（東京都大島町）
❷八丈島（東京都八丈町）
❸父島（東京都小笠原村）
❹兄島（東京都小笠原村）
❺南島（東京都小笠原村）
❻江の島（神奈川県藤沢市）
❼滑川（富山県滑川市）
❽八重津浜（富山県富山市）
❾能登島（石川県七尾市）
❿千本浜（静岡県沼津市）
⓫獅子浜（静岡県沼津市）
⓬大瀬崎（静岡県沼津市）
⓭平沢（静岡県沼津市）
⓮竹野（兵庫県豊岡市竹野町）
⓯須江（和歌山県東牟婁郡串本町）
⓰潮岬沖（和歌山県東牟婁郡串本町）
⓱隠岐島都万（島根県隠岐郡隠岐の島町）
⓲島根沖泊（島根県松江市島根町）
⓳青海島（山口県長門市）
⓴周防大島*（山口県大島郡周防大島町）
㉑柏島（高知県幡多郡大月町）
㉒屋久島（鹿児島県熊毛郡屋久島町）
㉓沖永良部島（鹿児島県大島郡）
㉔真栄田岬（沖縄県国頭郡恩納村）
㉕久米島（沖縄県島尻郡久米島町）

*周防大島は、国土地理院の表記では屋代島だが、本書では通り名で表記した。

ダイビングで観察できる浮遊幼生

■代表的な幼生の名称

無脊椎動物や魚類の幼生は分類群ごとに異なる名称を与えられている場合が多い。かつて「種」として記載された名残、体の特徴、著名な生物学者の名前など、その由来は様々である。幼生の多くは目視が難しいほど小さい。ここには、体長1mm以上になり得る比較的大きな幼生だけを紹介する。各分類群に属するすべての種が必ずこれらの幼生を経過するのではない。なお、人名や形容詞に続く場合に「幼生」をつけた。

分類群	幼生
海綿動物門	
尋常海綿類	パレンキメラ
刺胞動物門	
鉢虫類	エフィラ*
ヒドロ虫類	アクチヌラ
ハナギンチャク類	ケリヌラ*
スナギンチャク類	ゾアンテラ*、ゾアンチナ
有櫛動物門	
有触手類	フウセンクラゲ型幼生
扁形動物門	
多岐腸類	ミュラー幼生
紐形動物門	
ヒモムシ類	ピリディウム
環形動物門	
ゴカイ類	ネクトキータ
ムカシゴカイ類	ローヴェン幼生*
ホシムシ類	ペラゴスフェラ*
軟体動物門	
二枚貝類	ベリジャー
腹足類	ベリジャー*
頭足類	パララーバ*
箒虫動物門	アクチノトロカ*

分類群	幼生
節足動物門	
フジツボ類	ノープリウス*、キプリス
クルマエビ類	プロトゾエア*、ミシス*、(デカポディド)*
コエビ類、オトヒメエビ類	ゾエア*、(デカポディド)*
イセエビ類	フィロゾーマ、(プエルルス)*
セミエビ類	フィロゾーマ*、(ニスト)*
ヤドカリ類	ゾエア*、(グラウコトエ)*
コシオリエビ類、カニダマシ類	ゾエア*、(メガロパ)*
カニ類	ゾエア*、(メガロパ)*
シャコ類	シャコ類の幼生*、(ポストラーバ)*
棘皮動物門	
ウミユリ類	ドリオラリア
ヒトデ類	ビピンナリア*、ブラキオラリア
クモヒトデ類	オフィオプルテウス、ビテラリア
ウニ類	エキノプルテウス*
ナマコ類	アウリクラリア*、ドリオラリア
半索動物門	
ギボシムシ類	トルナリア*
脊索動物門	
ホヤ類	オタマジャクシ型幼生
魚類	レプトケファルス*、ベクシリファー* など

本書に収録されている幼生に * 印を付けた。また、ポストラーバは（　）内に入れた。

■代表的な動物の初期生活史

動物の受精卵は「胚」と呼ばれる細胞分裂を繰り返す段階を経た後、各種器官が形成される幼生期に至る。受精膜や卵嚢からの孵化の時期および海底へと生活場所を変える着底の時期は、種や幼生の生活様式によって様々である。ダイビングで観察される浮遊幼生は発育の進んだ着底直前の段階であることが多い。

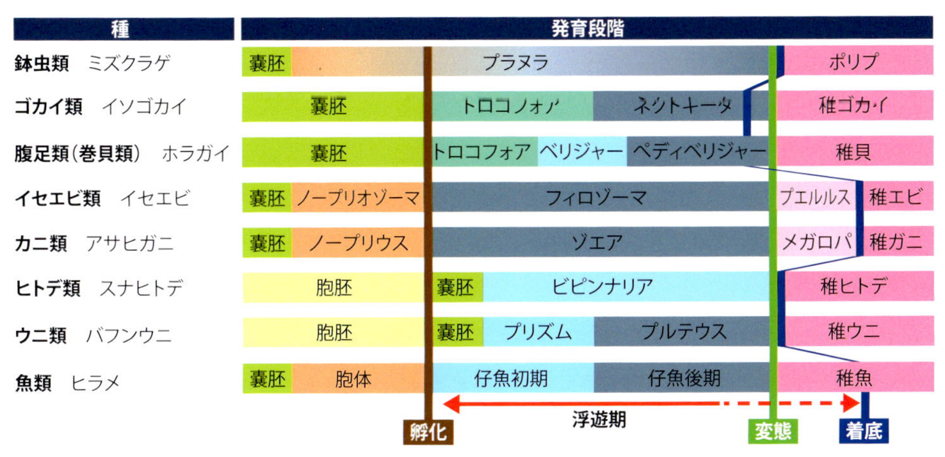

本書に登場する浮遊生物一覧（実物大）

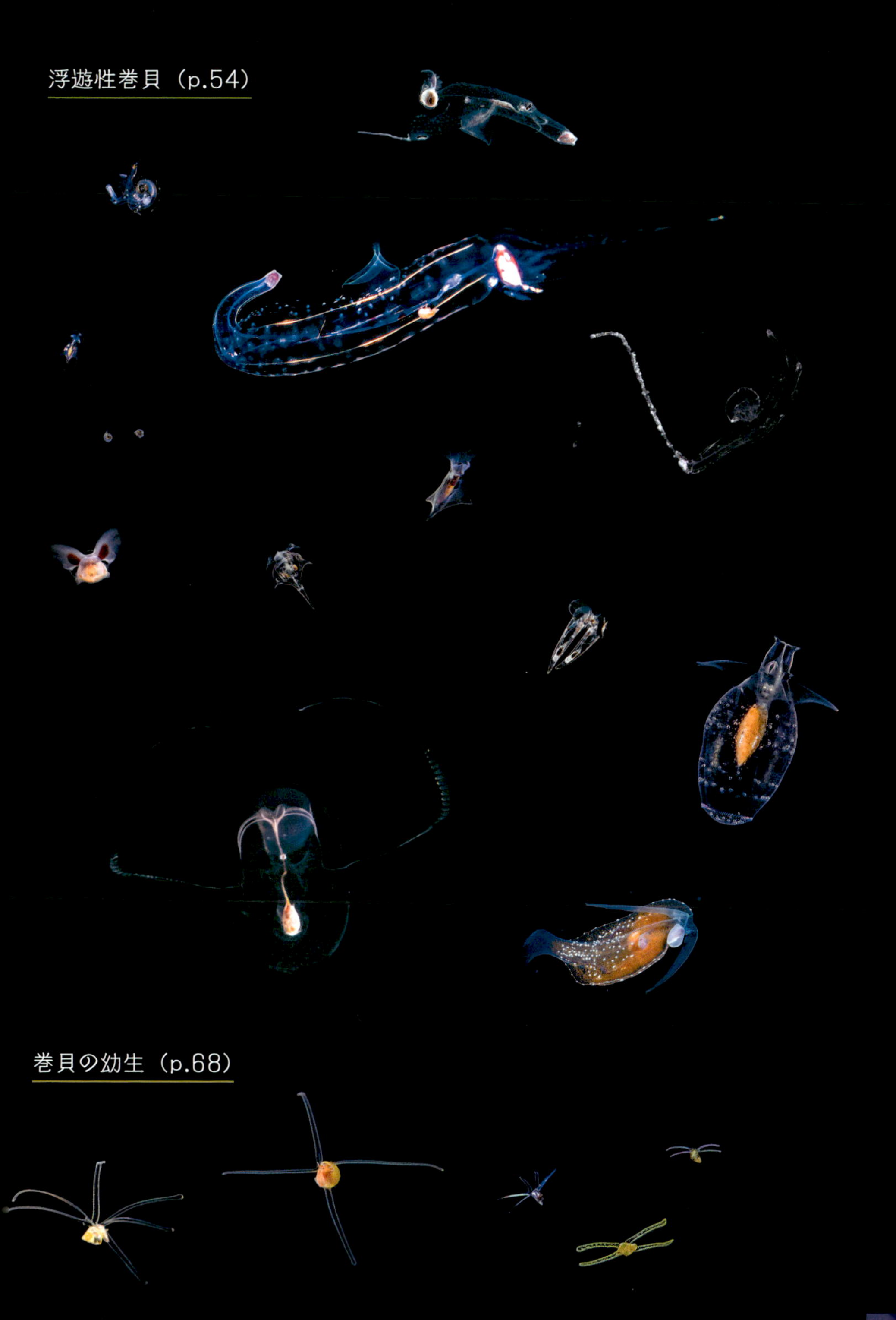
浮遊性巻貝（p.54）
巻貝の幼生（p.68）

イカとタコ (p.70)

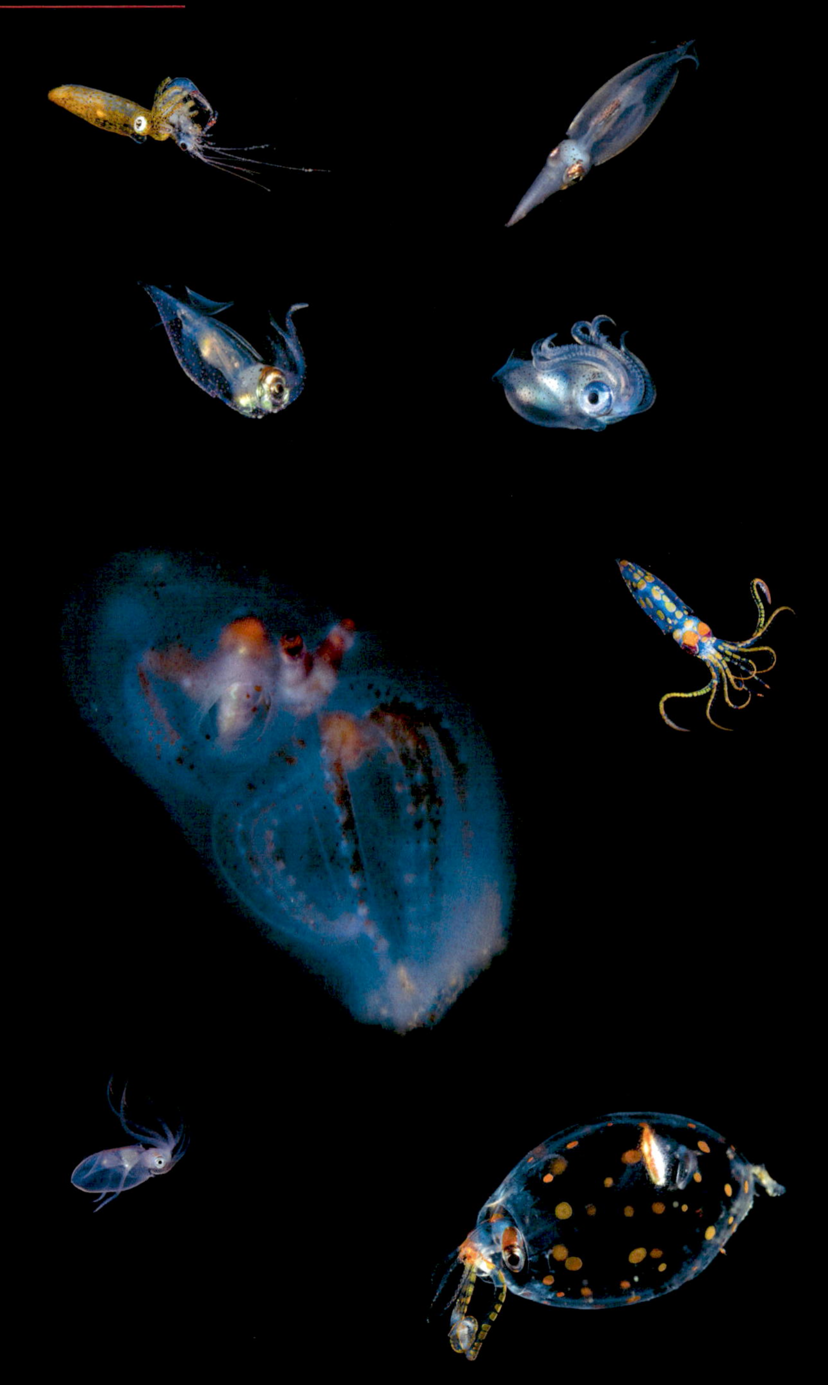

10mm

ゴカイとホシムシ（p.82）
エビ（p.86）

イセエビとセミエビ（p.92）

ヤドカリとコシオリエビ（p.98）

カニ（p.102）

10mm

シャコ（p.110）

クラゲノミ（p.112）

その他の無脊椎動物（p.118）

仔魚と稚魚（p.132）

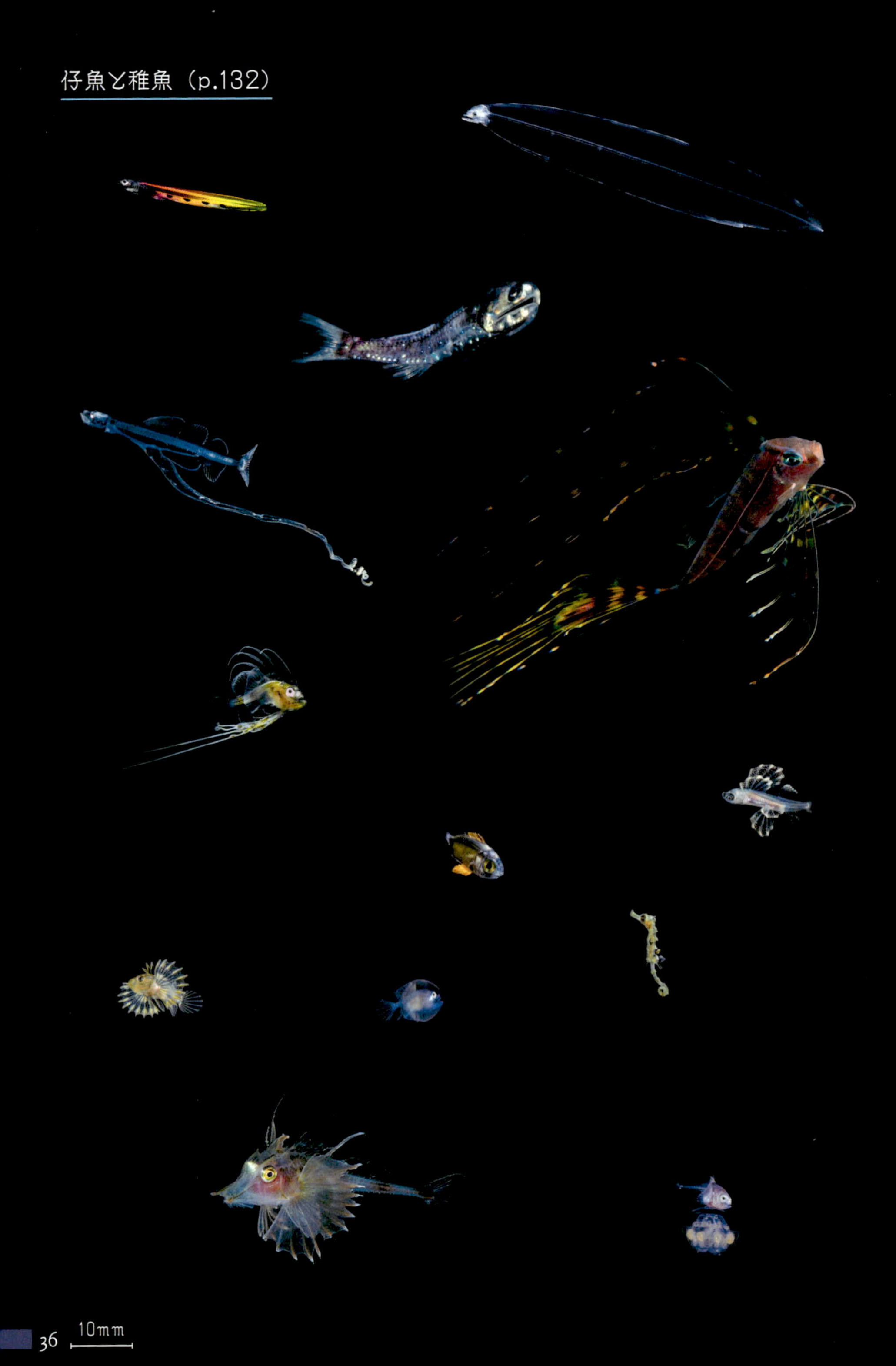

10㎜

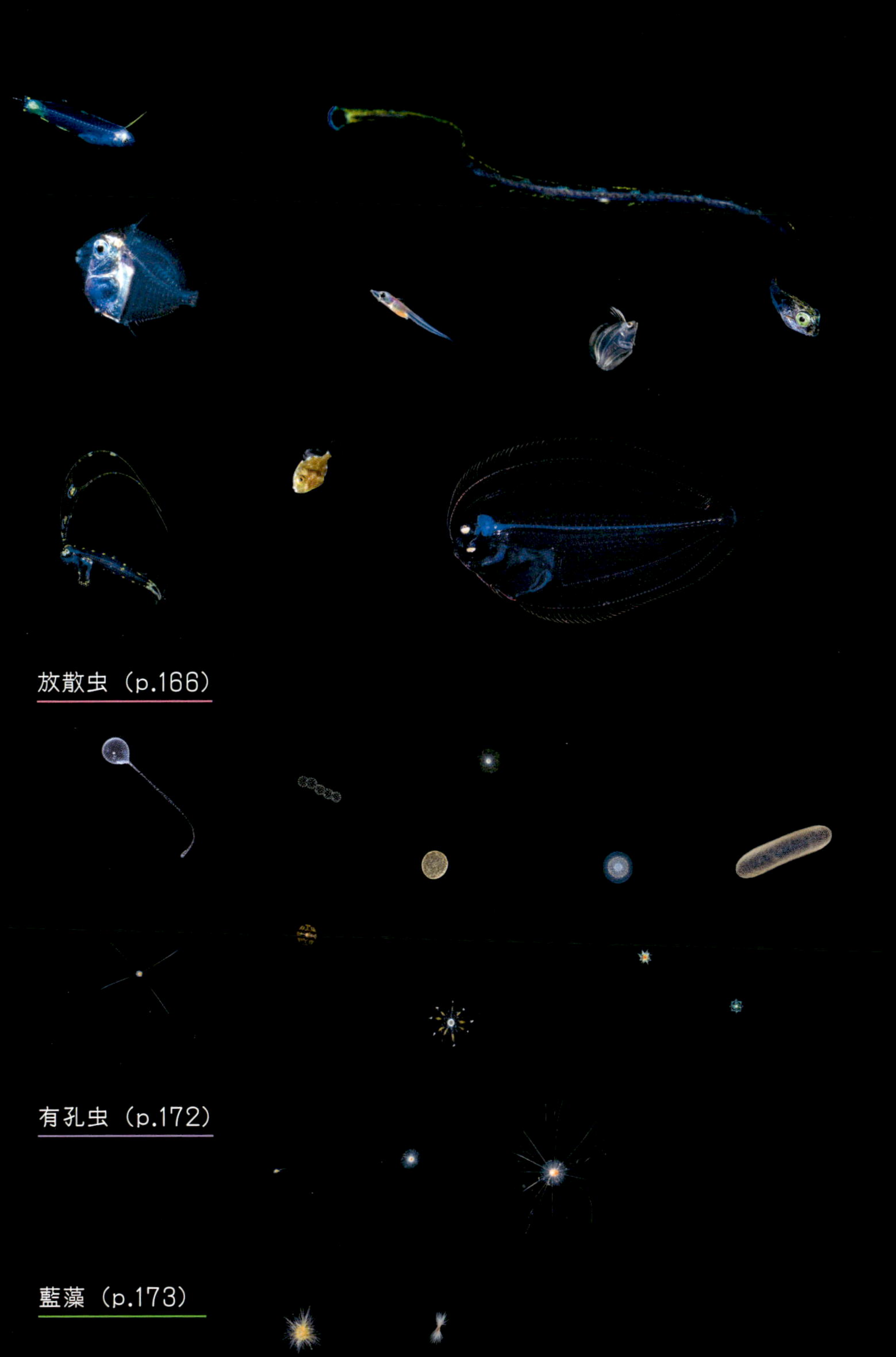
放散虫（p.166）
有孔虫（p.172）
藍藻（p.173）

クラゲ

刺胞動物門に属する動物の中で浮遊生活を送る発育段階のものの総称（ただし花虫綱を除く）。クラゲの体はゼラチン質に富み、軟らかい。毒針（刺胞）で動物プランクトンや魚などを襲って捕食する。一方、エビ類や稚魚類などの隠れ家にもなる。

アカクラゲ

［鉢虫綱旗口クラゲ目オキクラゲ科］

Chrysaora pacifica

成体には傘の中央から縦に伸びる赤縞があるが、幼体にはない。日本各地で普通に見られる。西日本では3月下旬から小型の個体が出現し始め、5月頃までに傘の直径（傘径）が150-200㎜ほどになる。

少し成長した幼体
傘径25 mm、青海島、5月、5 m

傘にオリタタミヒゲ上科のクラゲノミ類（p. 117）が付いている成体
傘径100 mm、青海島、5月、5 m

ミズクラゲ

［鉢虫綱旗口クラゲ目ミズクラゲ科］

Aurelia aurita sensu lato

白い半透明の体で優雅に泳ぐ姿は、北海道から沖縄までの日本各地で普通に見られる。初夏から夏に大規模な群れを成して現れることがある。右の写真のような若いクラゲはエフィラと呼ばれ、固着生活を送るポリプから冬から春に遊離する。

エフィラ
傘径 4 mm、青海島、3月、5 m
（真木久美子）

成体
傘径 100 mm、青海島、5月、6 m

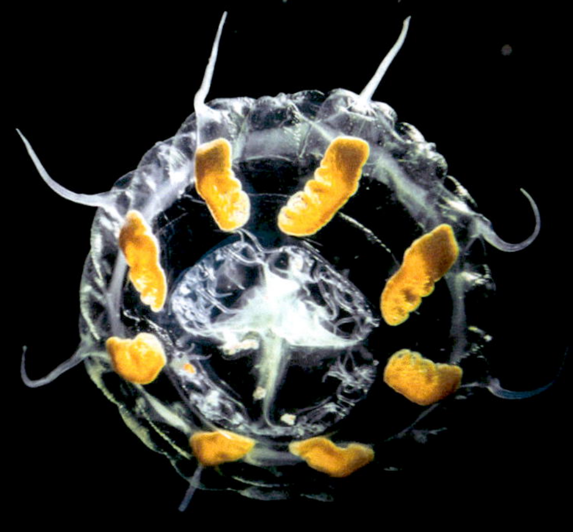

エフィラクラゲ属の1種

［鉢虫綱冠クラゲ目エフィラクラゲ科］

Nausithoe sp.

円盤状の体の縁に弁が並び、弁と弁の間に触手や感覚器がある。黄色いリボン状の器官は生殖巣で、その色や形態は種によって異なるようである。しかし、エフィラクラゲ属の正確な分類にはポリプの形態を観察しなければならない。

傘径 20 mm、青海島、5月、4 m

エビクラゲ

［鉢虫綱根口クラゲ目イボクラゲ科］

Netrostoma setouchianum

傘の中央に大きな突起があり、口腕にペン先状の付属器を持つ。本種の口腕にはエビ類やカニ類などの十脚類が共生する。

傘径 300 mm、潮岬沖、6月、10 m

エボシクラゲ
［ヒドロ虫綱花クラゲ目エボシクラゲ科］
Leuckartiara octona
傘の上方に突起が長く伸びる。体の中央付近に見える薄い橙色のシダ状の器官は生殖巣で、そのすぐ下に見える濃い橙色の器官が口である。クラゲ類を捕食する。
傘高25 mm、青海島、4月、5 m

コエボシクラゲ
［ヒドロ虫綱花クラゲ目コエボシクラゲ科］
Halitiara formosa
傘縁に約16本の長い触手を持つエボシクラゲに対して、本種は4本の長い触手と約12個の触手状突起を持つ。
傘高15 mm、青海島、10月、3 m

カミクラゲ
［ヒドロ虫綱花クラゲ目キタカミクラゲ科］
Spirocodon saltator
8つの束にまとめられた触手は髪の毛のように細く長く伸び、その付け根には赤い眼点が並ぶ。傘の内側にコイル状の生殖巣が見える場合がある。春に日本各地で見ることができる。
傘高25 mm、青海島、4月、6 m

ベニクラゲモドキ

[ヒドロ虫綱花クラゲ目ベニクラゲモドキ科]

Oceania armata

傘の内部に見える十字形の器官は口唇で、その基部に口柄がある。本種の口柄や口唇は赤みを帯び、口柄はスポンジ状にならない。傘縁から伸びる触手は100本にも及ぶ。ベニクラゲ属(p.42)で知られるような不老不死(クラゲからポリプへの変化)の能力を持たない。

触手が縮んでいるとき
傘高15 mm、父島、5月、10 m

触手が伸びているとき
傘高10 mm、父島、5月、6 m

ベニクラゲ属の1種
［ヒドロ虫綱花クラゲ目
ベニクラゲモドキ科］

Turritopsis sp.

口柄基部が透明な細胞で満たされるため、スポンジのように見える。北日本産のものは紅色の口を持つ場合が多いが、西日本産の個体のほとんどは紅色にならない。ベニクラゲ属のクラゲ類は、有性生殖を終えると自身は再びポリプに姿を変え、やがてクラゲを放出する。このような生態を持つので「不老不死のクラゲ」とも呼ばれている。

傘高10 mm、青海島、10月、3 m

ギンカクラゲ科の1種
［ヒドロ虫綱花クラゲ目］

Porpitidae gen. et sp.

クラゲのように見えるこの浮遊体は、じつはポリプである。盤と呼ばれる浮きを持つことで自身の足場を獲得し、一生外洋を浮遊する。真のクラゲは小さく、浮遊期間も短い。写真は盤を作り始めたばかりの若いポリプである。ギンカクラゲ（*Porpita porpita*）に似るが、この時期の盤径は数㎜程度であるので、別種かもしれない。

盤径15 mm、父島、5月、3 m

カツオノカンムリ
[ヒドロ虫綱花クラゲ目ギンカクラゲ科]
Vellela vellela

盤の上に帆のような骨格がある。これを水面上に出し、風を利用して漂う。風が強いときには転覆していることも多い。外洋で生活するが、まれに海岸に漂着することがある。前種と同様、普段目にするのは群体性のポリプで、クラゲは非常に小さい。

盤径30 mm、柏島、5月、海面直上

花クラゲ目の1種
[ヒドロ虫綱]
Anthomedusae

傘は電球形で、4本の触手があり、胃腔から傘の縁に連絡する4本の放射管を持つ。このような特徴の花クラゲ類は多く、種の同定には体の構造や刺胞の形態、成熟の有無などの細かい情報が重要になる。

傘高10 mm、青海島、5月、5 m

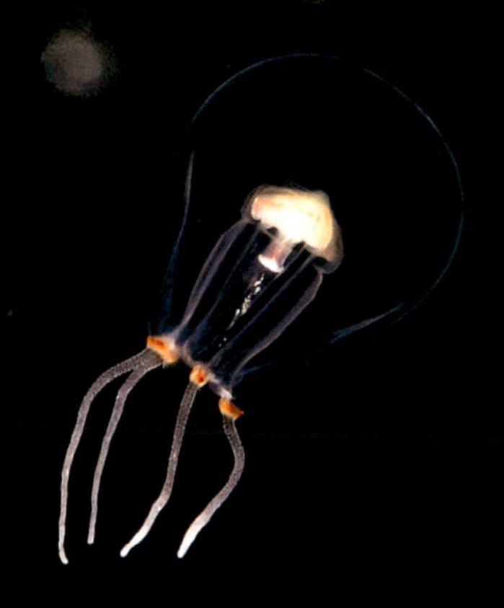

ヒメツリガネクラゲ
[ヒドロ虫綱硬クラゲ目イチメガサクラゲ科]
Aglaura hemistoma

名前のとおり釣鐘形の傘を持つ。傘の内側に垂れ下がる口柄支持柄を、8つの生殖巣が取り囲む。緑色の線は模様ではなく、光が筋肉の繊細な構造によって干渉したために見える構造色であり、角度によっては別の色に見える。

傘高10 mm、青海島、4月、3 m（田中百合）

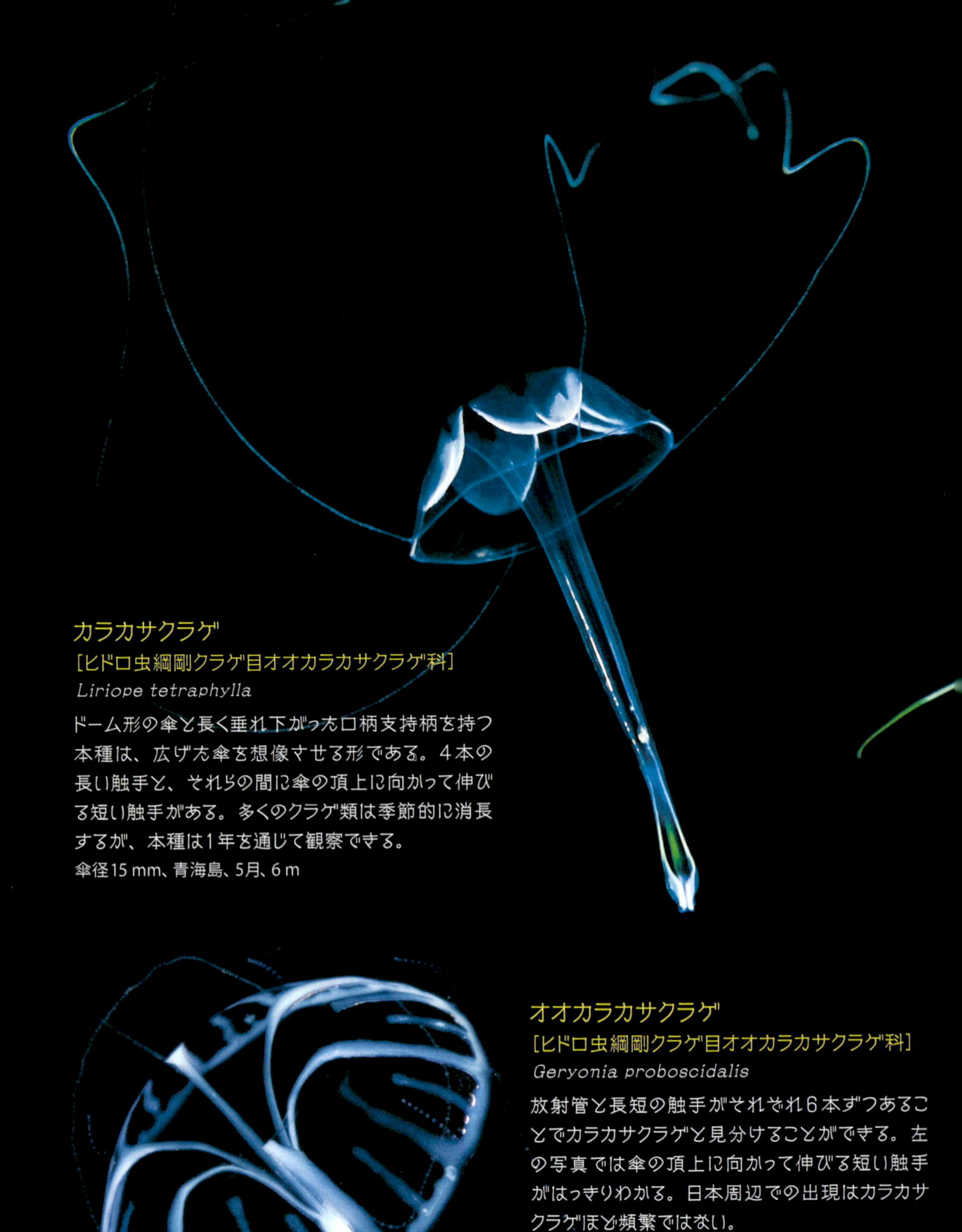

カラカサクラゲ

[ヒドロ虫綱剛クラゲ目オオカラカサクラゲ科]

Liriope tetraphylla

ドーム形の傘と長く垂れ下がった口柄支持柄を持つ本種は、広げた傘を想像させる形である。4本の長い触手と、それらの間に傘の頂上に向かって伸びる短い触手がある。多くのクラゲ類は季節的に消長するが、本種は1年を通じて観察できる。

傘径15 mm、青海島、5月、6 m

オオカラカサクラゲ

[ヒドロ虫綱剛クラゲ目オオカラカサクラゲ科]

Geryonia proboscidalis

放射管と長短の触手がそれぞれ6本ずつあることでカラカサクラゲと見分けることができる。左の写真では傘の頂上に向かって伸びる短い触手がはっきりわかる。日本周辺での出現はカラカサクラゲほど頻繁ではない。

傘径25 mm、父島、5月、7 m

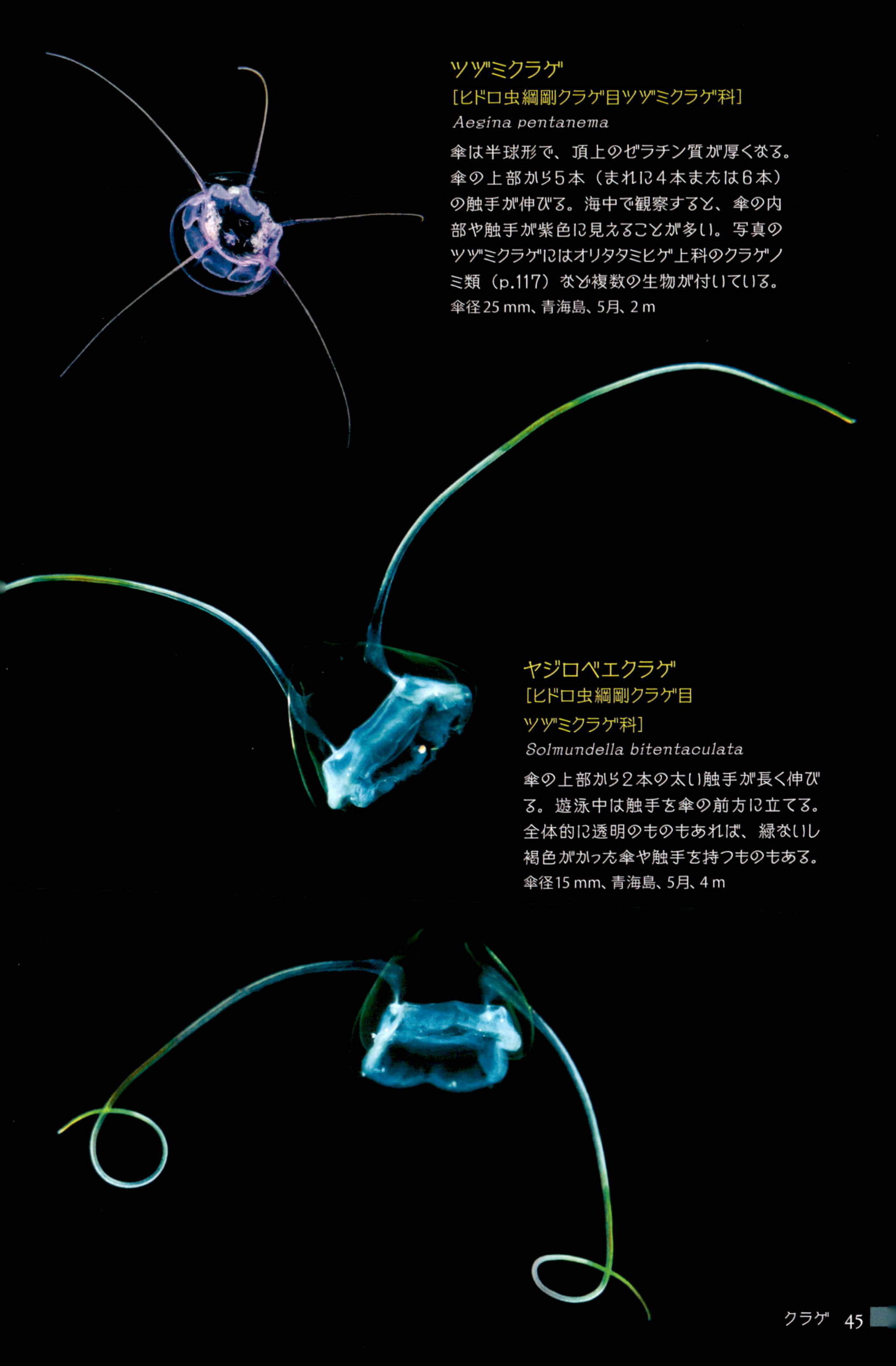

ツヅミクラゲ

［ヒドロ虫綱剛クラゲ目ツヅミクラゲ科］

Aegina pentanema

傘は半球形で、頂上のゼラチン質が厚くなる。傘の上部から5本（まれに4本または6本）の触手が伸びる。海中で観察すると、傘の内部や触手が紫色に見えることが多い。写真のツヅミクラゲにはオリタタミヒゲ上科のクラゲノミ類（p.117）など複数の生物が付いている。

傘径25 mm、青海島、5月、2 m

ヤジロベエクラゲ

［ヒドロ虫綱剛クラゲ目ツヅミクラゲ科］

Solmundella bitentaculata

傘の上部から2本の太い触手が長く伸びる。遊泳中は触手を傘の前方に立てる。全体的に透明のものもあれば、緑ないし褐色がかった傘や触手を持つものもある。

傘径15 mm、青海島、5月、4 m

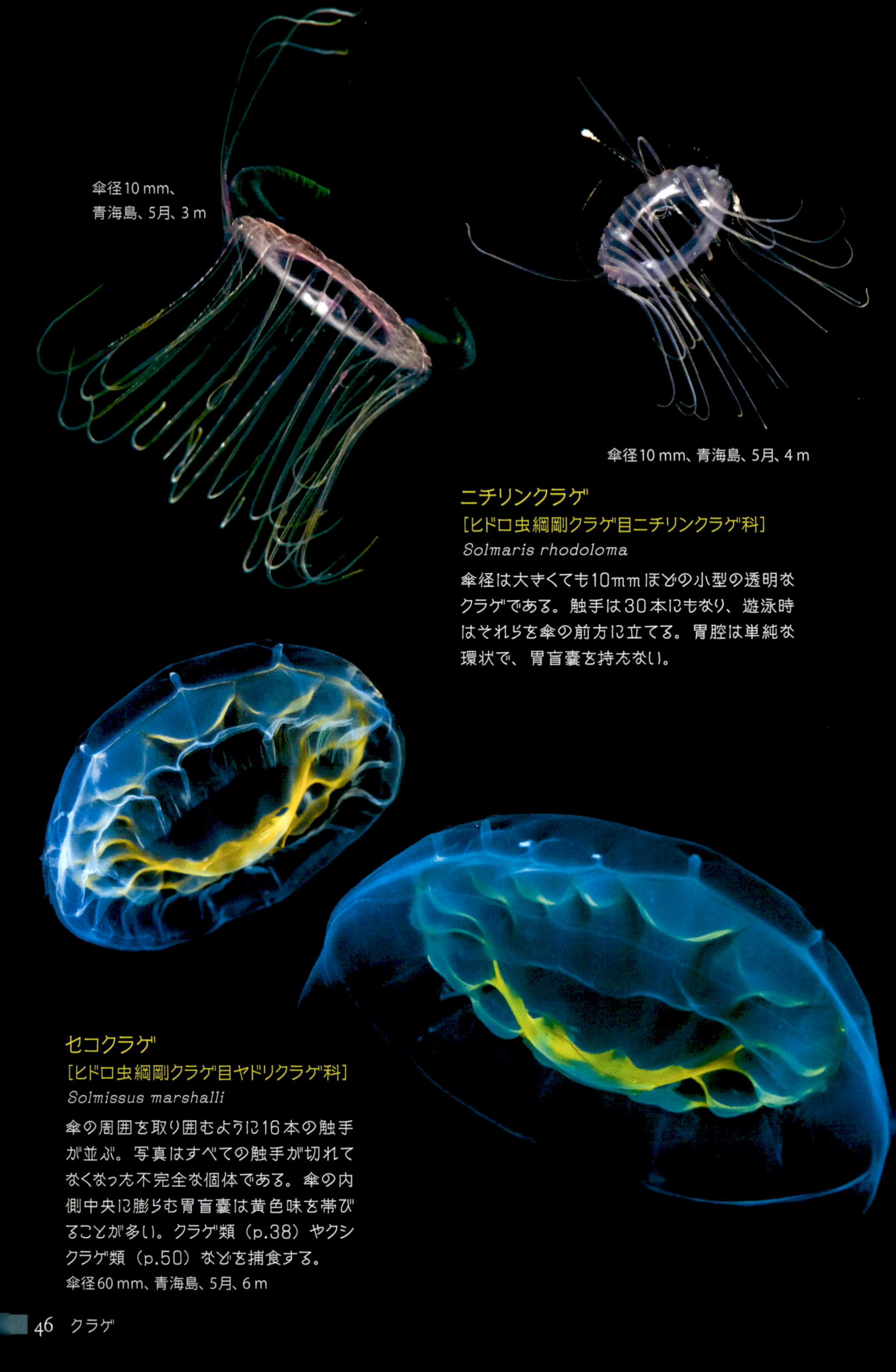

傘径10 mm、
青海島、5月、3 m

傘径10 mm、青海島、5月、4 m

ニチリンクラゲ
［ヒドロ虫綱剛クラゲ目ニチリンクラゲ科］
Solmaris rhodoloma

傘径は大きくても10mmほどの小型の透明なクラゲである。触手は30本にもなり、遊泳時はそれらを傘の前方に立てる。胃腔は単純な環状で、胃盲嚢を持たない。

セコクラゲ
［ヒドロ虫綱剛クラゲ目ヤドリクラゲ科］
Solmissus marshalli

傘の周囲を取り囲むように16本の触手が並ぶ。写真はすべての触手が切れてなくなった不完全な個体である。傘の内側中央に膨らむ胃盲嚢は黄色味を帯びることが多い。クラゲ類（p.38）やクシクラゲ類（p.50）などを捕食する。
傘径60 mm、青海島、5月、6 m

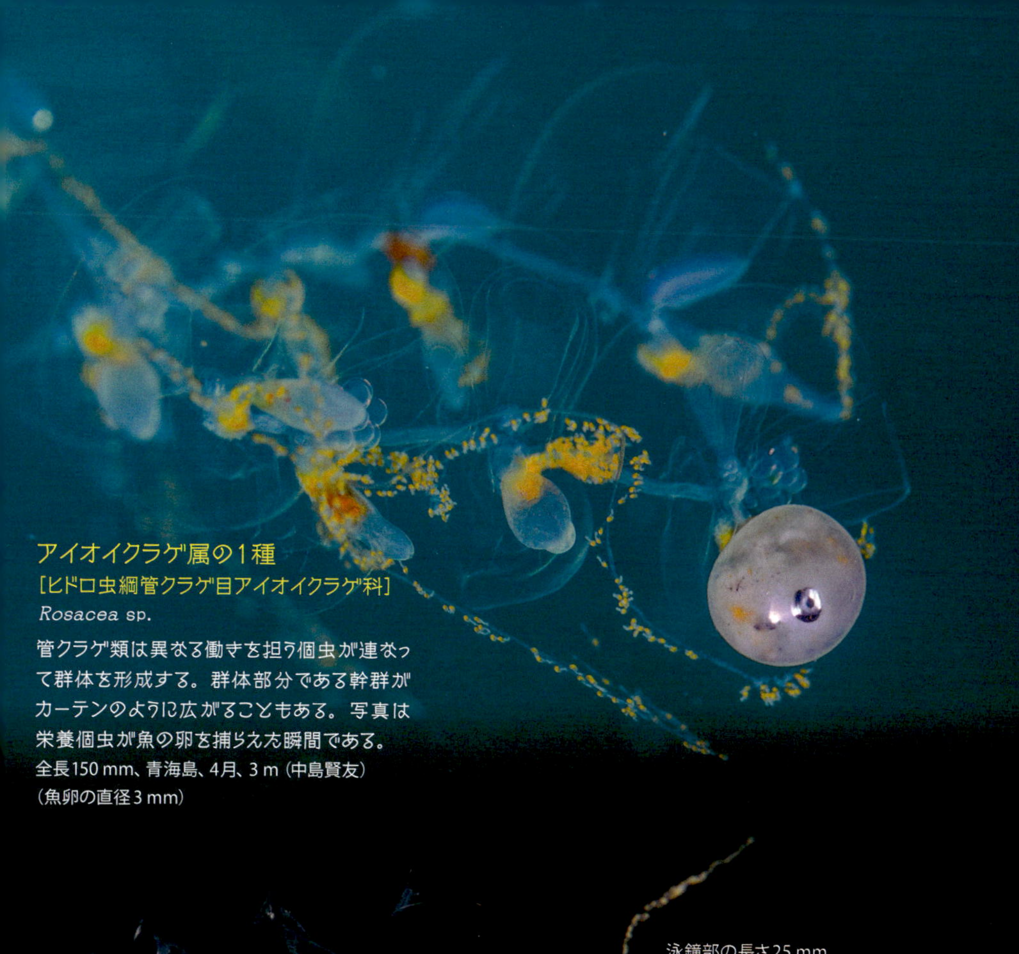

アイオイクラゲ属の1種

［ヒドロ虫綱管クラゲ目アイオイクラゲ科］

Rosacea sp.

管クラゲ類は異なる働きを担う個虫が連なって群体を形成する。群体部分である幹群がカーテンのように広がることもある。写真は栄養個虫が魚の卵を捕らえた瞬間である。
全長150 mm、青海島、4月、3 m（中島賢友）
（魚卵の直径3 mm）

泳鐘部の長さ25 mm、
父島、5月、10 m

泳鐘部の長さ20 mm、
青海島、5月、2 m

バテイクラゲ

［ヒドロ虫綱管クラゲ目バテイクラゲ科］

Hippopodius hippopus

遊泳器官として働く鐘状の個虫（泳鐘）は最大16個が組み合わさって蹄鉄のような形になる。中央には栄養個虫や生殖個虫が集まって幹群を形成する。普段は透明であるが、刺激を受けると泳鐘が白く濁る。時間が経つとまた透明に戻る。

トウロウクラゲ

[ヒドロ虫綱管クラゲ目ハコクラゲ科]

Bassia bassensis

泳鐘の稜が白く濁るのが本種の特徴である。写真の個体はユードキシッドと呼ばれる有性生殖世代である。後方に生殖体を形成しているが、配偶子はすでに放出されてしまっている。極域を除く世界中の海に広く分布する。

泳鐘部の高さ10 mm、青海島、10月、2 m

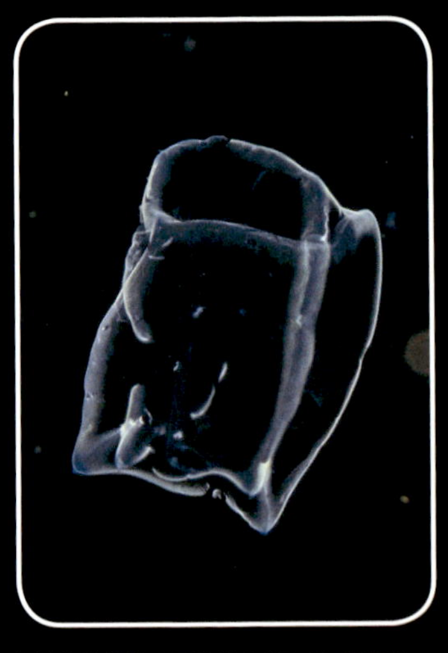

無性生殖世代の下泳鐘のゼラチン質部分だけになったもの

長さ10 mm、青海島、6月、7 m（齋藤勇一）

カワリハコクラゲモドキ

[ヒドロ虫綱管クラゲ目ハコクラゲ科]

Enneagonum hyalinum

本種のユードキシッドは、泳鐘を欠き、保護葉の上面や両側面はわずかに凹むので、類似するハコクラゲモドキ（*Abylopsis tetragona*）のユードキシッドと区別できる。2つの生殖体のうち一方が雌、もう一方が雄の機能を持つ。無性生殖世代の上泳鐘はピラミッド形で、下泳鐘を欠く。

泳鐘部の高さ10 mm、青海島、5月、1 m

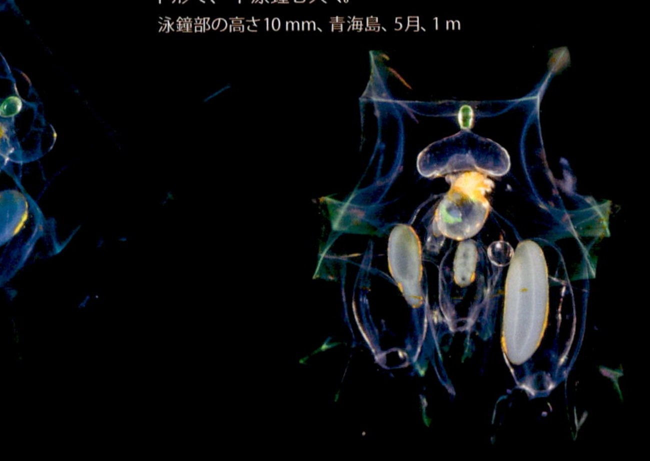

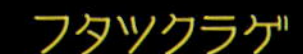

フタツクラゲ

［ヒドロ虫綱管クラゲ目フタツクラゲ科］

Chelophyes appendiculata

フタツクラゲ科の無性生殖世代の多くは2つの泳鐘が前後に連なる。上泳鐘は円錐形で、5つの稜のうち3つが頂上に達する。上泳鐘と下泳鐘の間から伸びる紐状の幹には、栄養体などの個虫が集まる幹群がまばらに並ぶ。

泳鐘部の高さ20 mm、父島、5月、5 m

ボウズニラ

［ヒドロ虫綱管クラゲ目ボウズニラ科］

Rhizophysa eysenhardtii

頂上部にある気胞体中の気体量を調節することで浮いたり沈んだりする。遊泳力はない。写真の個体は触手や生殖体を備えた幹群を縮めているが、伸長すると700㎜にも達する。本種の触手が淡紅色であるのに対し、近縁種のコボウズニラ（*R. filiformis*）の触手は黄緑色である。

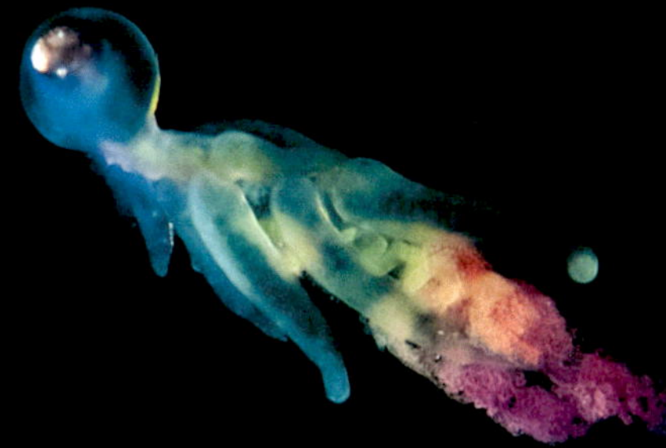

気胞体の直径3 mm、青海島、6月、6 m

気胞体の直径5 mm、青海島、5月、6 m

クシクラゲ

有櫛(ゆうしつ)動物門に属し浮遊生活を送る動物の総称。触手にある粘着細胞(膠胞(こうほう))や体表の粘液を使って小型の甲殻類などを食べる。体表にある繊毛束(櫛板(しつばん))を使って浮遊する。櫛板が動くたびに光を反射して虹色に輝く。

フウセンクラゲ

[有触手綱フウセンクラゲ目テマリクラゲ科]

Hormiphora palmata

涙滴形で、口端はやや突き出ている。体の後方に向かって伸びる2本の長い触手を持つ。獲物が触手に触れると、自ら回転して触手を体に巻きつけ、捕らえた餌を口まで運ぶ。写真のフウセンクラゲはカニダマシ科のゾエア(p.100)を食べている。

体長30 mm、青海島、5月、4 m

ヘンゲクラゲ

[有触手綱フウセンクラゲ目ヘンゲクラゲ科]

Lampea pancerina

フウセンクラゲと同様に2本の触手を持つが、本種の触手は体の中央から真横に向かって伸びる。本種の幼生はサルパ類に寄生し、成体も口を大きく開けてサルパ類を捕食する。写真のヘンゲクラゲはトガリサルパ(p.130)を襲っている。

体長25 mm、青海島、5月、3 m

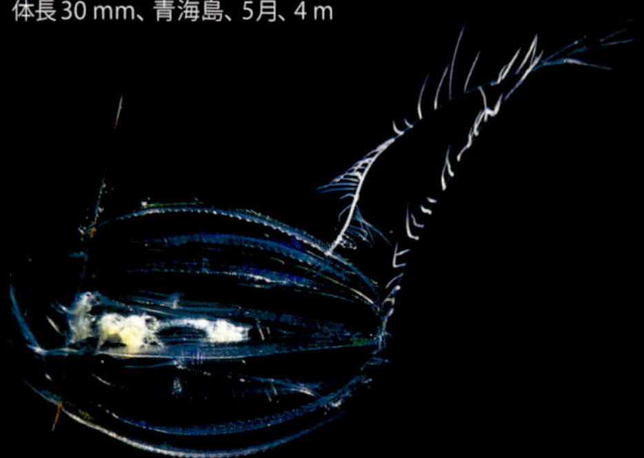

オビクラゲ

［有触手綱オビクラゲ目オビクラゲ科］

Cestum veneris

長く扁平なオビクラゲは、蛇のように体をくねらせて泳ぐことができる。体の中央付近に平衡胞などの主要な器官がある。体全体が透明で，左右両端が褐色を帯びる個体もある（写真のオビクラゲの場合は黄褐色）。体に刺激を受けると、とぐろを巻くように丸くなったり瞬時に青白くなったりすることがある。

体長600 mm、柏島、5月、8 m

チョウクラゲ

［有触手綱カブトクラゲ目チョウクラゲ科］

Ocyropsis fusca

体の後方に袖状突起と呼ばれる羽のような突起がある。他のクシクラゲ類と同様に櫛板を使ってゆっくり泳ぐこともできるが、危険を察知すると袖状突起を開閉させて急発進する。写真右のチョウクラゲのように、袖状突起の内側に黒い斑点があるものを別種と見なす場合もある。

体長50 mm、青海島、5月、6 m

体長70 mm、青海島、5月、3 m

カブトクラゲ

［有触手綱カブトクラゲ目カブトクラゲ科］

Bolinopsis mikado

体は非常に軟らかく、ほぼ透明で、やや紫色を帯びる個体もある。8本の櫛板列が体を縦に走り、このうち４本が袖状突起まで伸びる。幼生は２本の触手を持つが、発育とともに退化し、成体になるまでに消失する。日本周辺で最も頻繁に出現するクシクラゲ類である。

体長40 mm、青海島、5月、3 m

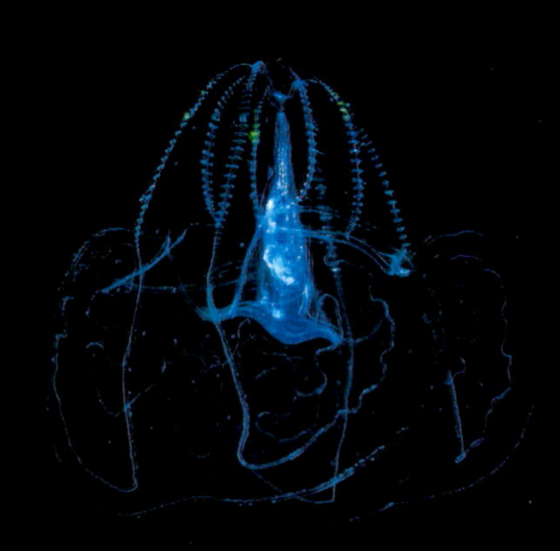

ウリクラゲ
［無触手綱ウリクラゲ目ウリクラゲ科］

Beroe cucumis

ウリクラゲ類は一生を通じて触手を持たない。本種の体は瓜形で肉質に富む。血管のような役割を果たす子午管は多くの枝管を派生する。隣接する子午管由来の枝管同士は連絡しない。ウリクラゲの仲間は同じクシクラゲ類の他個体を食べる。自身の数倍もの大きさのクシクラゲ類をも一気に飲み込むことができる。

体長 50 mm、青海島、5月、5 m

サビキウリクラゲ
［無触手綱ウリクラゲ目ウリクラゲ科］

Beroe mitrata

体は瓜形ないしやや扁平で、大きな口を持つ。子午管から多くの幅広い枝管が派生し、その先端は口に向かって屈曲する。体の中央が赤褐色を帯びる。下の写真はクシクラゲ類を捕食した直後のサビキウリクラゲで、消化中の餌が白く見える。

体長 40 mm、青海島、5月、5 m

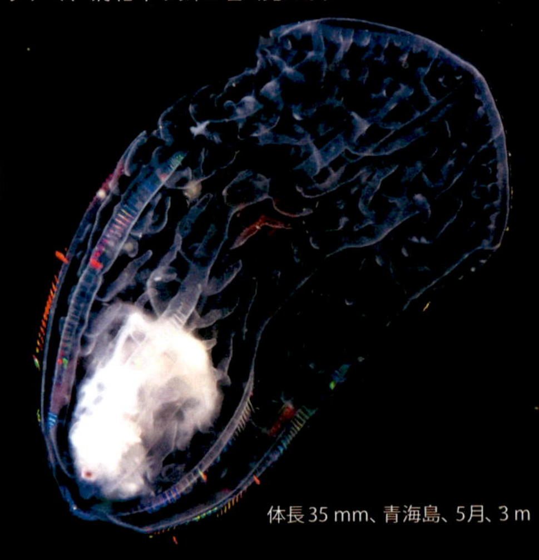

体長 35 mm、青海島、5月、3 m

アミガサウリクラゲ

［無触手綱ウリクラゲ目ウリクラゲ科］

Beroe forskalii

体が極端に扁平で、大きく成長する。子午管から派生する枝管は互いに連絡して広がり、刺激を受けると枝管全体が発光する。異常なほどに大きい口で他のクシクラゲ類を丸飲みにする。口を開け過ぎて裏返しになってしまうこともある（ページ下のコラム参照）。

体長60 mm、青海島、5月、1 m

体長50 mm、青海島、5月、2 m

大食漢！ クシクラゲの食事情 （阿部秀樹）

出会ったときが食事時。口を開けながら緩やかな弧を描くように右に左に泳ぐ。口に入るものは何でも飲み込む。

驚くべき食欲。自身の体積の90%ほどもある獲物を飲み込むこともある。食べられるときに食べる、それが彼らの食事作法だ。

口を開けて泳いでいる途中、口がぐりんと裏返り、そのままバナナの皮のようにめくれてしまった。まるで自分を飲み込むかのようだ。

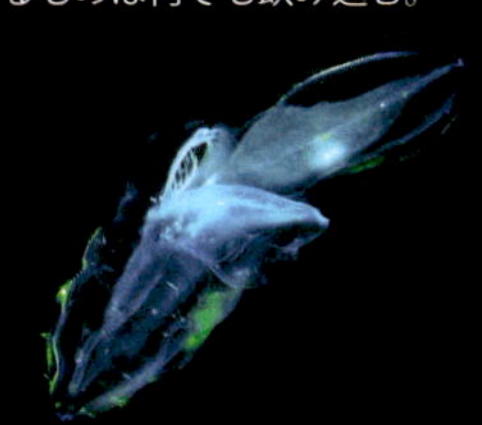

ウリクラゲを飲み込むウリクラゲ
体長35 mm、青海島、4月、3 m

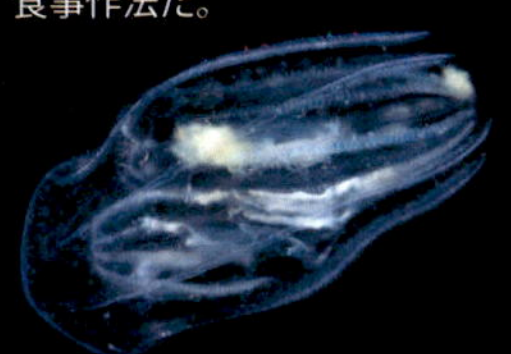

クシクラゲ類で満腹のサビキウリクラゲ
体長30 mm、青海島、5月、5 m

体の内外が反転しそうなウリクラゲ
体長40 mm、青海島、5月、2 m

浮遊性巻貝

軟体動物門腹足綱のうち、終生浮遊生活を送る動物。漂泳性巻貝ともいう。1つの共通祖先から派生した動物群ではない。異足類や裸鰓類などの様々な分類群に見られる。

クチキレウキガイ［異足目クチキレウキガイ科］

Atlanta peronii

クチキレウキガイ科の仲間は、平巻きの殻を持ち、その中に収まることができる。殻の外周を竜骨板がめぐる。本種では竜骨板が殻の最外層から続いて2層目まで深く巻き込まれる。また、竜骨板の基部に褐色の線があることが多い。夜になると粘液の糸を出してぶら下がる。日本周辺で普通に見られる。

殻径4 mm、青海島、5月、3 m

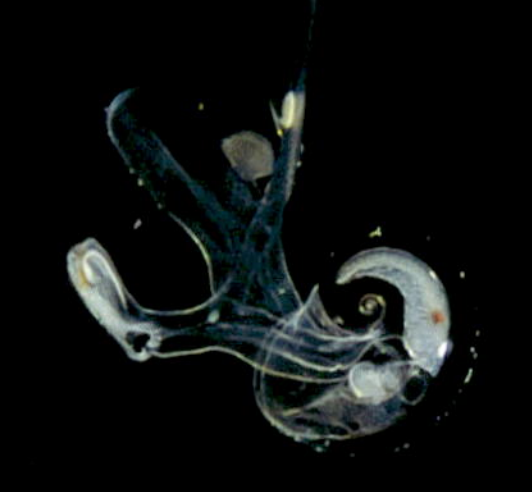

クチキレウキガイ属の1種［異足目クチキレウキガイ科］

Atlanta sp.

写真の個体では竜骨板が2層目に少し入り込んでいるので、大型種であるクチキレウキガイの小型個体か、小型種のクスミクチキレウキガイ（*A. fusca*）の可能性が考えられる。本属には世界で20種が知られ、そのうちの8種が日本周辺に生息する。

殻径3 mm、青海島、5月、2 m

ムチオゾウクラゲ［異足目ゾウクラゲ科］

Cardiapoda richardi

殻を持たず、尾部の後方は鞭のように長く伸びる。尾部の腹面に黒色の葉片状の構造を持つが、その機能は未だに不明である。

体長30 mm、父島、5月、3 m

ヒメゾウクラゲ［異足目ゾウクラゲ科］

Carinaria japonica

ゾウクラゲ科の仲間は、世界に3属9種が生息し、そのうち8種を日本周辺で見ることができる。明瞭な頭部触角を持ち、ムチオゾウクラゲを除く8種は体の後方に殻を持つ。本種の尾部は短く、殻の形は二等辺三角錐に近い。近縁種のゾウクラゲ（*C. cristata*）は体長500-600㎜になる大型種で、殻が後方へ著しく反る。

体長40 mm、青海島、5月、2 m

体長30 mm、青海島、5月、2 m（田中百合）

コノハゾウクラゲ

［異足目ゾウクラゲ科］

Pterosoma planum

体は他のゾウクラゲ類と同様に円筒形であるが、頭部から尾部の半分ほどまでが楕円盤状の皮層に覆われる。皮層には白色または黄色の斑点がある。

体長30 mm、柏島、6月、5 m（中島賢友）

体長130 mm、
青海島、5月、6 m

ハダカゾウクラゲ

［異足目ハダカゾウクラゲ科］

Pterotrachea coronata

ハダカゾウクラゲ科の吻はゾウの鼻のように長く伸びる。腹側中央付近にある大きな鰭を使って優雅に泳ぐ。本種は眼が円筒形で、額棘を持ち、尾部に縦畝がある。殻を持たず、鰓はむき出しである。内臓核は細長く、長径は短径の4–7倍である。体の腹側に白斑がある。

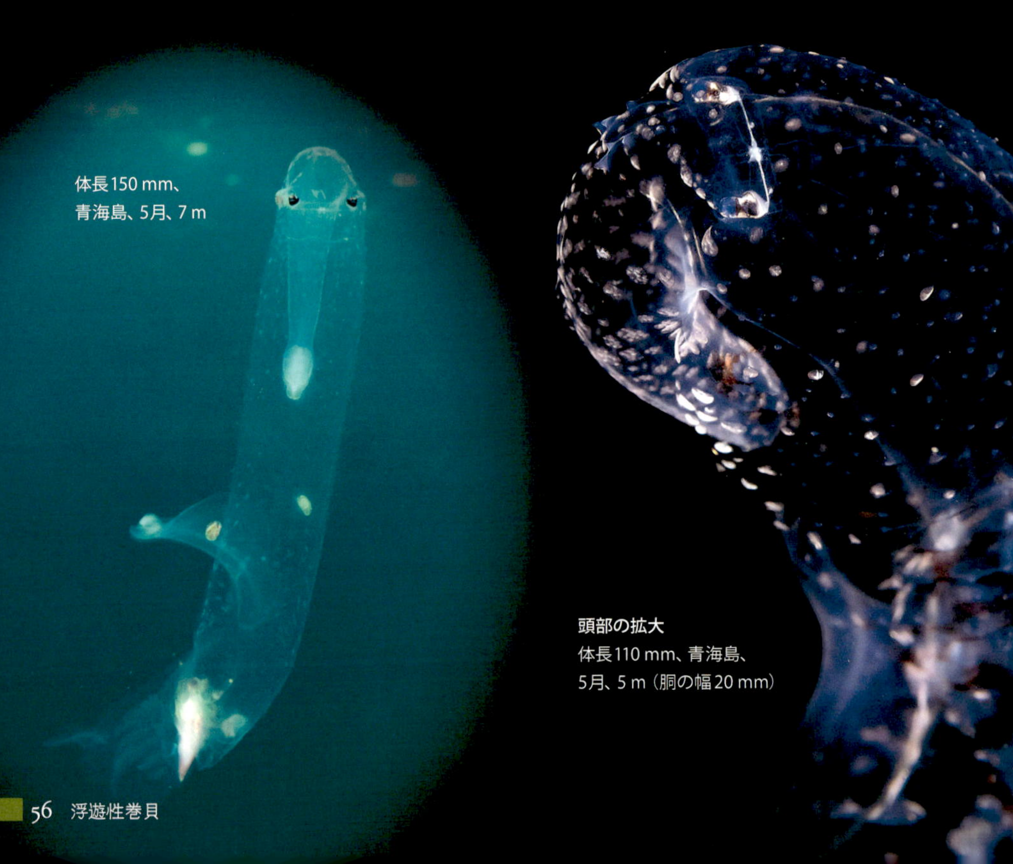

体長150 mm、
青海島、5月、7 m

頭部の拡大

体長110 mm、青海島、
5月、5 m（胴の幅20 mm）

チュウガタハダカゾウクラゲ
［異足目ハダカゾウクラゲ科］
Pterotrachea hippocampus

ハダカゾウクラゲと似るが、本種は卵形の内臓核と縦畝のない尾部を持つので見分けられる。眼は三角形で、頭部に額棘はない。尾部は二叉する。内臓核の長径は短径の1.5-2倍である。腹側に白斑がある。写真の個体の胴部にはオリタタミヒゲ上科のクラゲノミ類（p.117）が付いている。

体長90 mm、青海島、5月、2 m

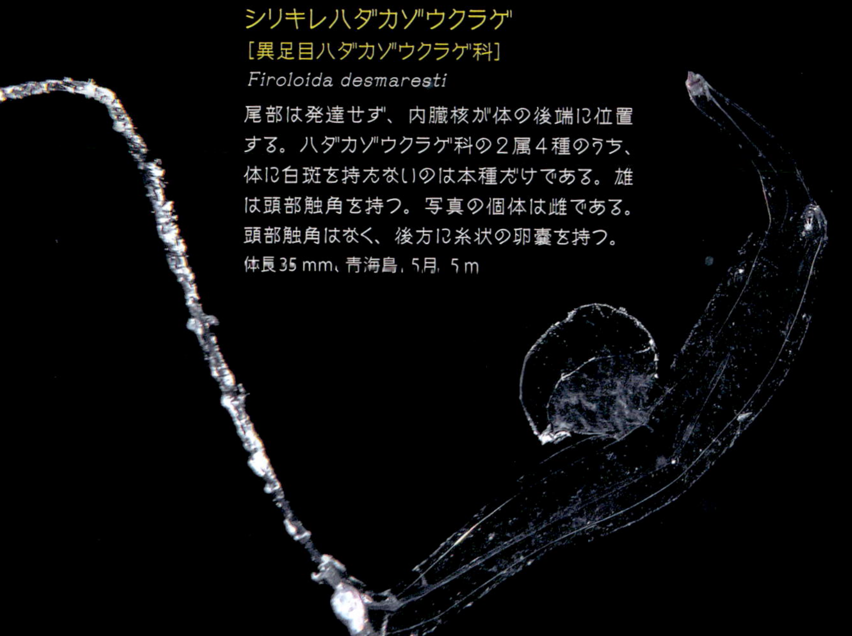

シリキレハダカゾウクラゲ
［異足目ハダカゾウクラゲ科］
Firoloida desmaresti

尾部は発達せず、内臓核が体の後端に位置する。ハダカゾウクラゲ科の2属4種のうち、体に白斑を持たないのは本種だけである。雄は頭部触角を持つ。写真の個体は雌である。頭部触角はなく、後方に糸状の卵囊を持つ。

体長35 mm、青海島、5月、5 m

春は恋の季節。クリイロカメガイは大群（スウォーム）を形成し、相手を見つけて交尾を繰り返す。その様子は、まるでダンスをしているかのようだ。中央付近にいるのはヤサガタハダカカメガイ。大好物のクリイロカメガイを食べに来たのかもしれない（p.63コラム参照）。
殻幅3-4 mm、青海島、5月、1 m（中村宏治）

クリイロカメガイ

［有殻翼足目カメガイ科］

Cavolinia uncinata

殻は濃い茶褐色で、付属糸の先端は緑褐色になる。カメガイ科の仲間は粘液を出し、海中の懸濁物(けんだくぶつ)を集めて食べる。写真のクリイロカメガイには背側と腹側それぞれにオリタタミヒゲ上科のクラゲノミ類（p.117）が1個体ずつ付いている。

殻幅4mm、青海島、5月、4m

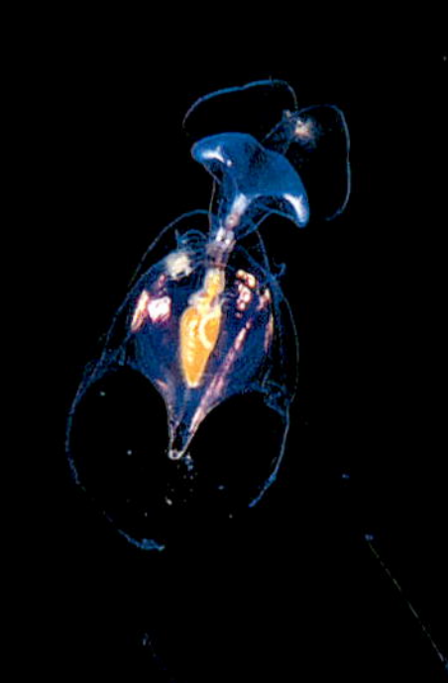

マサコカメガイ

［有殻翼足目カメガイ科］

Cavolinia inflexa

殻は平滑で、光沢に富む。殻の膨らみは同属の他種に比べて小さい。背側の殻の前縁に褐色の点がある。付属糸の先端を丸めることがある。

殻幅3mm、
潮岬沖、6月、8m

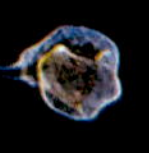

殻幅4mm、青海島、4月、5m

殻幅4mm、青海島、4月、5m

カメガイ属の仲間

［有殻翼足目カメガイ科］

Cavolinia spp.

カメガイ科には、殻の左右に側棘がなく後端に原殻が突き出るカメガイ属、側棘を有するヒラカメガイ属、および側棘も原殻もないササノツユ属がある。写真の個体はいずれもカメガイ属の特徴を持つ。

殻長7 mm、
父島、5月、9 m

殻幅6 mm、大瀬崎、4月、3 m

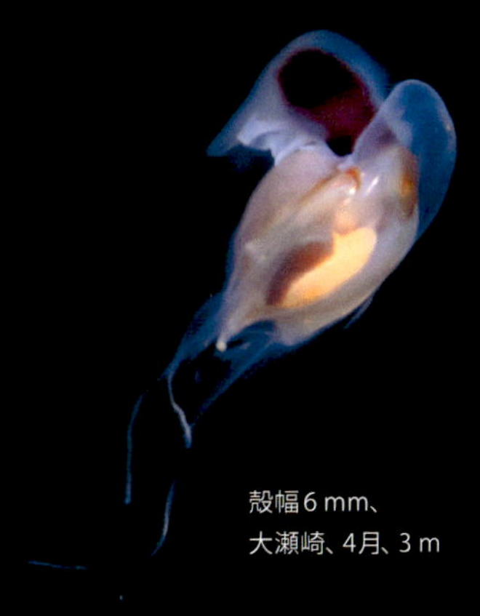

殻幅6 mm、
大瀬崎、4月、3 m

ヤジリヒラカメガイ

［有殻翼足目カメガイ科］

Diacria major

殻は無色で膨らまず、側棘が発達する。同属のヒラカメガイ（*D. trispinosa*）では殻口が褐色に縁取られ、マダラヒラカメガイ（*D. ramplandi*）には腹殻に褐色斑がある。通常、殻の後端は短いが、写真の個体のように幼殻が残って針状に長く伸びているものもある。

殻幅8 mm、父島、5月、8 m

ウキビシガイ

[有殻翼足目ウキビシガイ科]

Clio pyramidata

殻は菱形で透明。世界中に分布し、日本周辺でも普通に見られる。本種は軟体動物門で唯一、体が前後に2つに分かれる「横分裂」による無性生殖を行う。

殻幅9 mm、大瀬崎、1月、1 m

ウキヅノガイ

[有殻翼足目ウキヅノガイ科]

Creseis acicula

殻は透明で、長さは30㎜に達する。極めて細く、殻口の直径は殻長のおよそ50分の1である。表面に彫刻はほとんどなく、光沢がある。遊泳時は体を垂直にし、翼足を羽ばたかせて移動する。

殻長15 mm、大瀬崎、1月、1 m

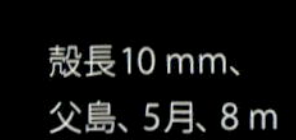

殻長10 mm、
父島、5月、8 m

ツメウキヅノガイ

[有殻翼足目ウキヅノガイ科]

Creseis virgula

殻の後端が鉤状に湾曲する。消化管や生殖腺が殻の後方に透けて見える。大部分の浮遊性巻貝は、捕食者に見つからないように体を小さくしたり透明にしたりしている。ウキヅノガイ類の体は細く、垂直方向から見たときの面積が極めて小さい。

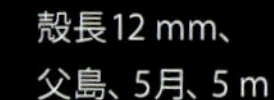

殻長12 mm、
父島、5月、5 m

ガラスウキヅノガイ

［有殻翼足目ウキヅノガイ科］

Hyalocylis striata

殻は円錐形でほぼ透明。強い輪肋が規則的に配列する。後端ほど狭いが、ウキツノガイのように針状に尖らない。翼足類は基本的に雌雄同体で、2個体が互いの精子を交換するために重なり合う。1回の交接は数秒で終わることが多い。

殻長10 mm、
青海島、5月、3 m

殻長10 mm、
青海島、5月、4 m

交接中のガラスウキツノガイ
殻長10 mm、青海島、5月、3 m

無敵のバッカルコーン

バッカルコーン。この単語を聞いたことがある人は多いかもしれない。一時期、テレビなどを通じて流行ったからだ。でも、バッカルコーンが何なのかを知らずに使っていた人もいるだろう。

バッカルコーンは、海の天使とも呼ばれる裸殻翼足類が捕食のために使う触手である。頭のてっぺんが開いて内側から伸びてくる。クリオネの仲間は6本のバッカルコーンで大好物のミジンウキマイマイを確実に仕留める。ヤサガタハダカカメガイ（p.66）は吸盤のある腕（吸盤腕）も持つ。この腕でカメガイ類を捕らえると、殻をしっかり押さえ、フックと呼ばれるフォークのような腕で中の体を引き出し、一気に消化管へ収めてしまう。それには10秒もかからない。天使が獰猛な捕食者に変わる瞬間だ。

浮遊性巻貝同士が築いた捕食 - 被食の関係はいくつもある。大きさも、体の構成成分も、泳ぐ速さも自身とよく似た相手は、実は最も合理的な餌なのかもしれない。（若林香織）

ウキツノガイを捕食するクチキレウキガイ
殻径6 mm、父島、5月、7 m

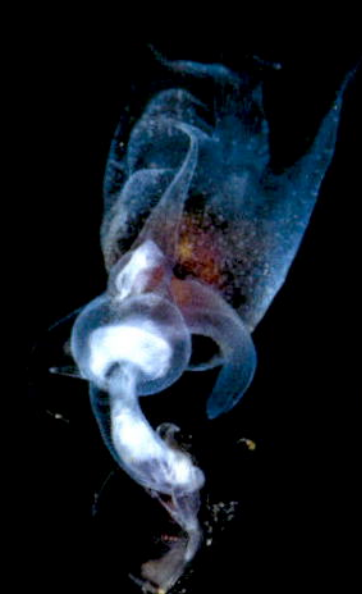

クリイロカメガイを捕食する
ヤサガタハダカカメガイ
体長15 mm、青海島、5月、3 m
（中島賢友）

ヤジリカンテンカメガイ

［有殻翼足目ヤジリカンテンカメガイ科］

Cymbulia sibogae

擬殻は舟形で、前方が先細く後方が幅広い。擬殻後方の左右両端は突起状になる。遊泳板の後方に鞭状の付属糸がある。インド洋－西太平洋域や南大西洋域に広く分布し、日本でも黒潮域で普通に見られる。

擬殻長25 mm、青海島、4月、3 m

ヤジリカンテンカメガイ属の1種

［有殻翼足目ヤジリカンテンカメガイ科］

Cymbulia sp.

擬殻の左右後端が突起状になり、遊泳板に付属糸を有することから本属であることがわかる。擬殻の前方が丸みを帯びるのは *C. peronii* の特徴であるが、日本周辺からの記録はこれまでにない。正確な種の同定には、擬殻にある棘の配列を詳しく観察する必要がある。

擬殻長30 mm、父島、5月、6 m

ウチワカンテンカメガイ

［有殻翼足目ヤジリカンテンカメガイ科］

Corolla spectabilis

遊泳板は団扇のような形で、その幅は擬殻の幅の1.5-2倍になる。体は全体的に透明であるが、擬殻の内部に褐色の内臓塊が見える。体の中央付近にあるハート形の器官は吻である。これを長く伸ばして餌を捕らえる。遊泳板の左右端からは餌の捕獲を助ける粘液が分泌される。

擬殻長30 mm、青海島、5月、2 m

カンテンカメガイ属の1種

［有殻翼足目ヤジリカンテンカメガイ科］

Corolla sp.

日本周辺にはウチワカンテンカメガイとカンテンカメガイ（*C. ovata*）の2種が知られる。ウチワカンテンカメガイでは擬殻が遊泳板の後方へ顕著に膨れ出るが、カンテンカメガイの擬殻は遊泳板の後端を大きく超えない。写真の個体はまだ若く、判断が難しい。

擬殻長13 mm、父島、5月、6 m

交接中のヤサガタハダカカメガイ
体長15 mm、青海島、6月、3 m
(齋藤勇一)

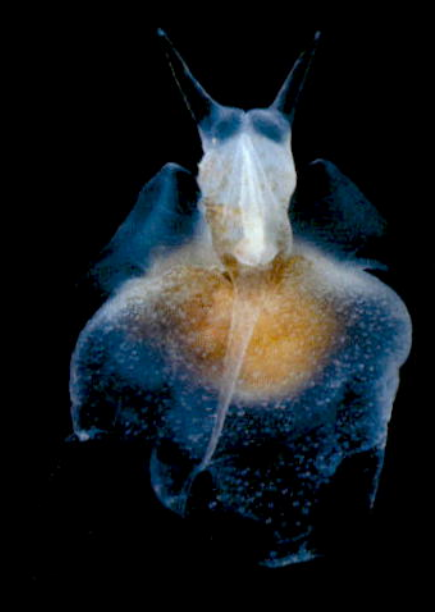

体長15 mm、青海島、5月、5 m

ヤサガタハダカカメガイ
[裸殻翼足目ニュウモデルマ科]
Pneumodermopsis canephora

頭部触角が長く伸びる。摂餌の際には頭部前端が開き、吸盤腕を伸ばしてカメガイ類などの有殻翼足類を捕獲する(p.63のコラム参照)。体の右側には側鰓がスカートのように伸びる。鰓としての機能は不明である。

タルガタハダカカメガイ
[裸殻翼足目クリオプシス科]
Cliopsis krohnii

体は左右対称で、頭部触角は極めて短く、胴部は樽形である。側鰓はない。吸盤腕はないが、体長ほどの長さに伸びる吻を使って餌を捕まえる。危険を察知すると頭部と翼足を胴部の中に収めて球状に変形する。

体長20 mm、
青海島、5月、5 m

体長30 mm、
父島、5月、14 m

ジュウモンジハダカカメガイ
[裸殻翼足目ハダカカメガイ科]
Thliptodon diaphanus

体は透明で、頭部触角は極めて短い。頭部は弱くくびれるのみで、胴部との境界は明瞭でない。体の後端は鈍く尖り、環状の後鰓を持つ。

体長15 mm、青海島、10月、3 m
(田中百合)

マメツブハダカカメガイ
［裸殻翼足目マメツブハダカカメガイ科］

Hydromylus globulosa

体は卵形で、皮層は半透明。内臓核は大きく、大部分が不透明である。長い翼足を持ち、その先端は幅広い。本種は外敵から襲われたときなどに墨を吐くことが知られている。

体長3.5 mm、父島、5月、5 m

コノハウミウシ ［裸鰓目コノハウミウシ科］

Phylliroe bucephala

ウミウシ類は通常、腹足で海底や海藻の上を這って生活するが、本種は腹足を欠き、浮遊生活を送りながら浮遊性のヒドロ虫類（p.40）やオタマボヤ類（p.128）を食べる。魚類さながら、尾鰭を使って推進する。体に多数の発光細胞を持つ。

体長30 mm、父島、5月、16 m

ササノハウミウシ ［裸鰓目コノハウミウシ科］

Cephalopyge trematoides

緑色の蛍光を発する細胞が体に散在する。浮遊生活のほか、ヒドロ虫類（p.40）への寄生や浮き藻への着生も知られている。外見がクラゲ類に寄生する吸虫類（扁形動物の仲間）によく似ることから、trematoides（吸虫類のような）という学名が与えられた。

体長15 mm、青海島、5月、6 m

巻貝の幼生

軟体動物門腹足綱の浮遊幼生。ベリジャーと呼ばれる。遊泳器官である面盤は基本的に透明であるが、色素胞が散在してカラフルなものもある。浮遊期間は種によって異なり、数日で着底するものもあれば、1年も漂い続けるものもある。

ソデボラ科の1種

[新生腹足上目タマキビ型新生腹足目]

Strombidae gen. et sp.

円錘形の殻を持ち、面盤は長大に発達する。写真のような6葉の面盤を持つベリジャーが多い。本科の代表種にマガキガイ（*Conomurex luhuanus*）やクモガイ（*Lambis lambis*）などがある。

殻長4 mm、父島、5月、8 m

フジツガイ科の1種

[新生腹足上目タマキビ型新生腹足目]

Ranellidae gen. et sp.

原殻は円錘形で、4葉の面盤はそれぞれが長大に発達する。フジツガイ科の代表種にフジツガイ（*Cymatium lotorium*）やホラガイ（*Charonia tritonis*）などがある。

殻長4 mm、父島、5月、6 m

ヤツシロガイ上科の1種

[新生腹足上目タマキビ型新生腹足目]

Tonnoidea

フジツガイ科やヤツシロガイ科を含むヤツシロガイ上科のベリジャーをマクジリビリアと呼ぶこともある。幼生期の殻は成体期に頂殻として残る種が多く、ベリジャーが持つ殻の形や表面の彫刻模様を使って分類できる。

殻長3 mm、柏島、11月、4 m

ゾウクラゲ属の1種
[新生腹足上目タマキビ型新生腹足目]

Carinaria sp.

ゾウクラゲ科のベリジャーは、成体の殻とは著しく異なる平巻きの殻を持つ。生態写真は少なく、貴重である。ゾウクラゲ属にはゾウクラゲやヒメゾウクラゲ（p.55）が含まれる。

殻長2 mm、青海島、5月、6 m

新腹足目の仲間 [新生腹足上目]

Neogastropoda

新腹足目はムシロガイ科やイモガイ科などを含む巻貝類のグループである。面盤の長いベリジャーほど浮遊期も長いと考えられている。ベリジャーの形や生態は成体の分布域と密接に関連するようだ。

殻長3 mm、父島、5月、1 m

殻長3 mm、父島、5月、4 m

殻長2 mm、青海島、10月、5 m

クルマガイ科の1種 [異鰓上目]

Architectonicidae gen. et sp.

左巻きの殻を持ち、面盤は4葉に分かれてそれぞれが長大に発達する。クルマガイ科の多くの種は浮遊期が非常に長いベリジャーを経過する。代表種にクルマガイ（*Architectonica trochlearis*）やヤッコグルマ（*Philippia japonica*）などがある。

殻長2 mm、父島、5月、14 m

イカとタコ

軟体動物門頭足綱（とうそくこう）に属する動物。幼体はパララーバと呼ばれ、プランクトンとして浮遊生活を送る。成長するとイカ類ではネクトン、タコ類ではベントスとして生活する種が多いが、なかには終生プランクトンとして過ごす種もある。

ヒメイカ［ヒメイカ目ヒメイカ科］

Idiosepius paradoxus

通常はアマモなどに背中を付着させて生活するが、餌を求めて海中を遊泳する。写真はコエビ類を捕食する様子。世界最小のイカである。

外套長 15 mm、大瀬崎、3月、9 m

小型個体
外套長 40 mm、
大瀬崎、2月、3 m

アオリイカ［ツツイカ目ヤリイカ科］

Sepioteuthis lessoniana

夏から秋に卵から孵化し、幼若期を沿岸で過ごす。孵化後間もない幼体は多数の色素胞を持ち、少し成長した小型個体はセピア色の太い横縞模様を持つ。日本周辺には赤いか・白いか・くわいかの3型があり、それぞれの生息域、繁殖生態、DNA情報は異なることが知られている。

孵化後間もない個体
外套長 5 mm、大瀬崎、
10月、5 m

ヤリイカ科の1種［ツツイカ目］

Loliginidae gen. et sp.

卵から孵化したばかりのパララーバは母親由来の卵黄を栄養源に成長するが、それを消費したあとは餌を捕らえて生き延びなければならない。写真のように、自らの体よりも大きなアミ類やエビ類を捕食することもある。

外套長8 mm、大瀬崎、2月、6 m

外套長12 mm、大瀬崎、1月、2 m

コビトツメイカダマシ属の仲間

［ツツイカ目ツメイカ科］

Onykia spp.

日本周辺の沿岸で見つかる可能性があるのはニュウドウイカ（*O. robusta*）やカギイカ（*O. loennbergii*）の小型個体である。成長すると触腕が伸び、その先端には吸盤や鉤（かぎ）を備える掌部が発達する。

外套長12 mm、大瀬崎、1月、2 m

外套長 15 mm、青海島、4月、3 m

ホタルイカ［ツツイカ目ホタルイカモドキ科］

Watasenia scintillans

パラララーバの外套や腕には大型の黄色い色素胞が形成される。腕を花びらのように広げているのは、浮き沈みの速さを調節するためかもしれない。成体は通常、外洋で生活するが、産卵期になると沿岸に寄ってくる。成体は腹面、眼の周辺、最も腹側にある腕の先端に発光器を持つ。パラララーバは眼の周辺にも発光器がある。

外套長12 mm、大瀬崎、1月、6 m

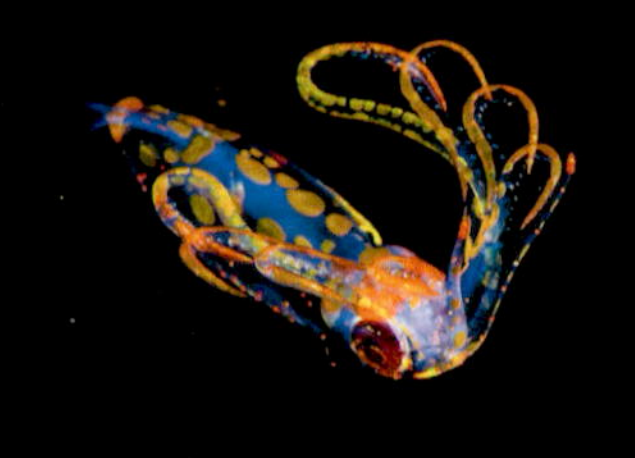

腕の間から数珠状に連なった
卵嚢を出す成体雌
外套長50 mm、滑川、4月、15 m

ホタルイカの「身投げ」。富山湾に春を告げる幻想的な光景である。
富山湾では沿岸に寄るホタルイカのほとんどが雌だ。八重津浜、3月

ナンヨウホタルイカ属の仲間［ツツイカ目ホタルイカモドキ科］

Abralia spp.

外套の腹側には大小の発光器が約500個も散在する。日本周辺にはナンヨウホタルイカ（*A. andamanica*）やミカギナンヨウホタルイカ（*A. trigonura*）が知られるが、台湾からフィリピン周辺にはこれらを含む5種が生息する。特に南日本では、黒潮に乗ってやってきた複数種のパララーバや小型個体が浮遊しているかもしれない。

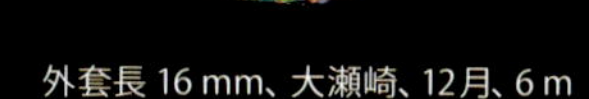

外套長 16 mm、大瀬崎、12月、6 m

外套長10 mm、大瀬崎、12月、7 m

発光部分は青白く見え、腕の付け根と眼の周囲が特に強く光っている
外套長12 mm、大瀬崎、2月、1 m

外套長15 mm、大瀬崎、1月、5 m

水中で見せる驚きのパフォーマンス

イカの面白さは、個性的な姿形にもあるが、何と言っても水中で見せるパフォーマンスだ。腕をそろえて一直線に伸ばす姿はみごとな流線形で潜水艦を思わせる。そうかと思えば、腕を上げるＪポーズで水中停止。腕を幾何学的に広げる姿はヨーロッパの宝飾品を想像させる。

コビトツメイカダマシ類（p.71）の擬態はみごとだ。危険を感じると腕を伸ばして流線形になり、水面を目指して一気に泳ぎ上がる。水面直下まで逃げると、即座に腕を背面にピタリとつけて豆状になる。彼らの腹側は銀色にも見え、波の泡粒に同化して姿を消すのだ。

サメハダホウズキイカ類（p.76）が見せてくれるのは変身の術。外敵が近寄ると、海水を外套内に取り込みゴム鞠のように丸くなる。そして頭部、腕全体を外套内に収納してしまう。鰭も動かさず、当然泳がない。一見、フグ類が漂っているように見える。そして危険が去ると、短くて小さな腕、眼、そして頭を出してゆっくりと泳ぎ出す。

それぞれの体形や遊泳力に応じた生存戦略を持つイカの仲間。こんな面白い生き物は、なかなかいない。
（阿部秀樹）

サメハダホウズキイカ科の1種
外套長30 mm、大瀬崎、1月、6 m

成体
外套長250 mm、
青海島、5月、8 m

小型個体
外套長20 mm、
大瀬崎、4月、10 m

スルメイカ
［ツツイカ目アカイカ科］
Todarodes pacificus

成体はアラスカ、カナダに至る北太平洋、オホーツク海、日本海、東シナ海からベトナムに至る広い海域に生息する。秋以降に南方へ移動して浮遊性の卵塊を産む。

スジイカ ［ツツイカ目アカイカ科］
Eucleoteuthis luminosa

外見はスルメイカに似るが、本種の外套腹側には２本の筋状の発光器がある。世界の温帯域に広く生息する。
外套長50 mm、兄島、5月、10 m

アカイカ ［ツツイカ目アカイカ科］
Ommastrephes bartramii

名前のとおり、生時に赤みを帯びる個体が多い。捕食者に遭遇すると、海表面から飛び出して逃げることが知られている。アカイカ科のパララーバはリンコトウチオンとも呼ばれ、２本が互いに融合した触腕を持つ。
外套長45 mm、大瀬崎、4月、14 m

ソデイカ［ツツイカ目ソデイカ科］

Thysanoteuthis rhombus

孵化直後のパララーバは顕著な色素胞のあるお椀形の外套を持つ。外套長8mm程度に成長すると、外套の後端に鰭が発達する。この頃の外套は丸みを帯び、腕に幅広い保護膜が形成される。さらに成長すると、外套の後端が尖る。

外套長20 mm、大瀬崎、1月、9 m

ソデイカの卵塊

ゼラチン質の支柱の表面に数万個もの卵がコイル状に配列する。卵黄は深紅色。

長さ800 mm、柏島、5月、1 m

ダイオウイカ［ツツイカ目ダイオウイカ科］

Architeuthis dux

大きな眼を持ち、細長い外套膜とそれよりも長い腕のプロポーションから、ダイオウイカである可能性が高い。本種の卵の直径は5mmほどで、孵化直後は他のイカ類と同じように小さい。成体は全長10mにもなる巨大なイカである。

外套長8 mm、父島、5月、10 m（森下 修）

ユウレイイカ科の仲間［ツツイカ目］

Chiroteuthidae genn. et spp.

本科のパララーバはドラトプシスとも呼ばれ、頭部が細く頸部が長い。他の腕に比べて極端に長い触腕を持つ。外套の後端には尾部があり、体の発育に伴って短くなる。尾部の模様は管クラゲ類（p.47）に似ている。捕食者を欺く戦略であると考えられている。

外套長30 mm、
大瀬崎、4月、5 m
（堀口和重）

外套長28 mm、
大瀬崎、12月、2 m

サメハダホウズキイカ

［ツツイカ目サメハダホウズキイカ科］

Cranchia scabra

外套の表面は顆粒で覆われ鮫肌様である。危険を感じると海水を取り込んで外套を膨らませたり、腕や頭部を外套内に縮めて球状に変形するなどして身を守る。腹面に発光器を持つ。

外套長70 mm、
島根沖泊、6月、3 m

外套長50 mm、
青海島、5月、3 m

ナミダホウズキイカ

［ツツイカ目サメハダホウズキイカ科］

Sandalops melancholicus

パララーバは長い触腕を持ち、眼は極端に垂れる。眼の基部付近に突起がある。成体になると管状の眼柄を持つようになる。世界の温・熱帯海域に広く分布する。

外套長20 mm、青海島、4月、3 m

トウガタイカ属の1種

［ツツイカ目サメハダホウズキイカ科］

Leachia sp.

本属のパララーバはピルゴプシスと呼ばれ、外套は細長く先端が尖る。また、外套先端にある鰭は小さく、半円形である。垂れ目は他のサメハダホウズキイカ類と共通の特徴である。

外套長30 mm、大瀬崎、4月、1 m

サメハダホウズキイカ科の1種

［ツツイカ目］

Cranchiidae gen. et sp.

頭足類のパララーバが稚イカへと成長する際は軽度の変態を伴う場合がある。本科では眼柄の退縮や腕の発達が顕著に認められる。

外套長30 mm、大瀬崎、1月、6 m

ヤツデイカ［ツツイカ目ヤツデイカ科］

Octopoteuthis sicula

外套長4㎜程度の孵化直後のパララーバには長い触腕があるが、体の発育とともに退縮し、やがて消失する。ヤツデイカ科のパララーバは幅広の外套と頭部を持つ。三陸沖にはキタノヤツデイカ（*O. deletron*）が生息する。

外套長25 mm、
青海島、5月、3 m

外套長28 mm、
青海島、5月、2 m

パララーバの触腕
外套長28 mmのこの個体にも触腕はまだ残っており、合計10本の腕が確認できる。
青海島、5月、2 m

十腕形上目の1種

Decapodiformes

体の中央に橙色の卵黄が残っているので、孵化後間もない個体であることがわかる。「イカ類」は俗称であり、正式な分類階級名を「十腕形上目」という。

外套長6 mm、父島、5月、8 m

マダコ属の仲間 ［タコ目マダコ科］

Octopus spp.

一般に「タコ」と呼ばれるのはタコ目に属する種である。世界から300種以上が知られているが、このうちの約半数がマダコ属に含まれる。未記載種も多い。パララーバはもちろん、成体さえも写真での種同定は困難である。

外套長8 mm、
大瀬崎、12月、6 m

外套長5 mm、
大瀬崎、11月、4 m

無触毛亜目の1種 ［タコ目］

Incirrata

不等長の腕を持ち、最長の第1腕が全長の70-80%を占める。このような特徴を持つ種にはマダコ科のテナガダコ（*Callistoctopus minor*）やカクレダコ（*Abdopus abaculus*）などがある。

外套長15 mm、大瀬崎、12月、6 m

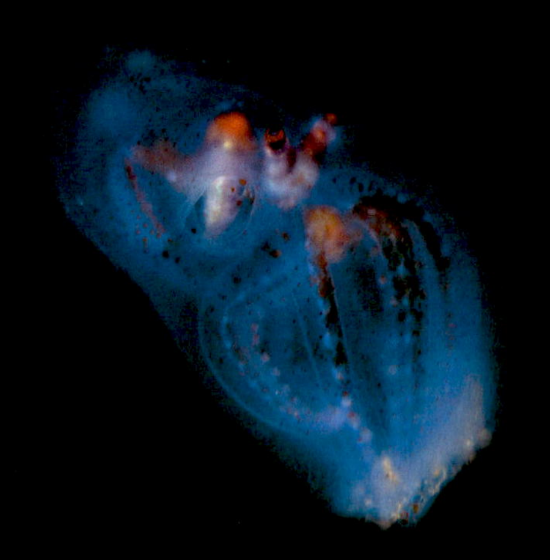

クラゲダコ［タコ目クラゲダコ科］

Amphitretus pelagicus

浮遊性のタコである。８本の腕の間にある傘膜を開閉させて泳ぎ、その姿はまるでクラゲ類のようである。タコ類の中で唯一、背方を向く筒状の眼を持つ。英名はテレスコープオクトパス。

外套長42 mm、大瀬崎、11月、1 m（堀口和重）

ムラサキダコ［タコ目ムラサキダコ科］

Tremoctopus gracilis

成体雌は大型になり、特に日本海側で夏に出現する確率が高い。傘膜を広げて水面付近に浮かぶこともあるが、ダイバーが追いつけないほど速く泳ぐこともできる。成体雄は雌に比べて極端に小さい「矮雄（わいゆう）」である。交接時に精子が詰まったカプセル（精莢（せいきょう））を腕ごと雌に渡す。

成体雄

外套長20 mm、大瀬崎、1月、1 m

成体雌

外套長200 mm、島根沖泊、10月、2 m

タコブネ［タコ目カイダコ科］

Argonauta hians

頭足類の中で貝殻を作るのはカイダコ類の雌とオウムガイ類だけである。カイダコ類は成熟すると殻の中に卵を産み、新鮮な海水を送りながら孵化まで卵を保護する。

殻径40 mm、隠岐島都万、10月、水面直下

アオイガイ［タコ目カイダコ科］

Argonauta argo

雌の第1腕の先端は膜状に変形し、炭酸カルシウムを分泌して薄く半透明の殻を形成する。幼体期から殻を作り始め、体の成長に合わせるように殻を大きくし、その中に棲む。寿命は長くても数年と考えられているが、その間に何度でも産卵することができる。雄は殻を持たず、ムラサキダコと同様に矮雄である。

雌の小型個体

殻径12 mm、大瀬崎、12月、5 m

成体雄

外套長10 mm、青海島、5月、3 m

アオイガイ属の1種［タコ目カイダコ科］

Argonauta sp.

雄の左の第3腕は交接腕で、普段は袋内に収められている。交接時に袋を破って突出し精莢とともに雌の体内へ送り込まれる。交接後に雄本体は力尽きるが、交接腕は受精が完了するまでの数日間、単体で雌の殻内を動き回る。写真は成熟前の雄。眼の下あたりに交接腕を収める袋が見える。雌雄ともにクラゲ類（p.38）に取り付くことが知られている。

外套長6 mm、大瀬崎、9月、8 m

ゴカイとホシムシ

環形動物門に含まれる動物。海中を浮遊するものには、終生浮遊生活を送る種、生活史の一部に浮遊期を持つ種、波にもまれて一時的に泳ぎ出る種、生殖のために遊泳する種などがある。

ウキゴカイ科の仲間

Alciopidae genn. et spp.

体は紐状に細長く、無色透明。眼は赤く、よく発達する。日本周辺で知られるウキゴカイ（*Naiades cantrainii*）は各体節に疣足（いぼあし）を持ち、その基部に濃褐色の丸い側腺がある。右下の写真のように疣足が葉状に発達する仲間には*Rhynchonereella*属などがある。

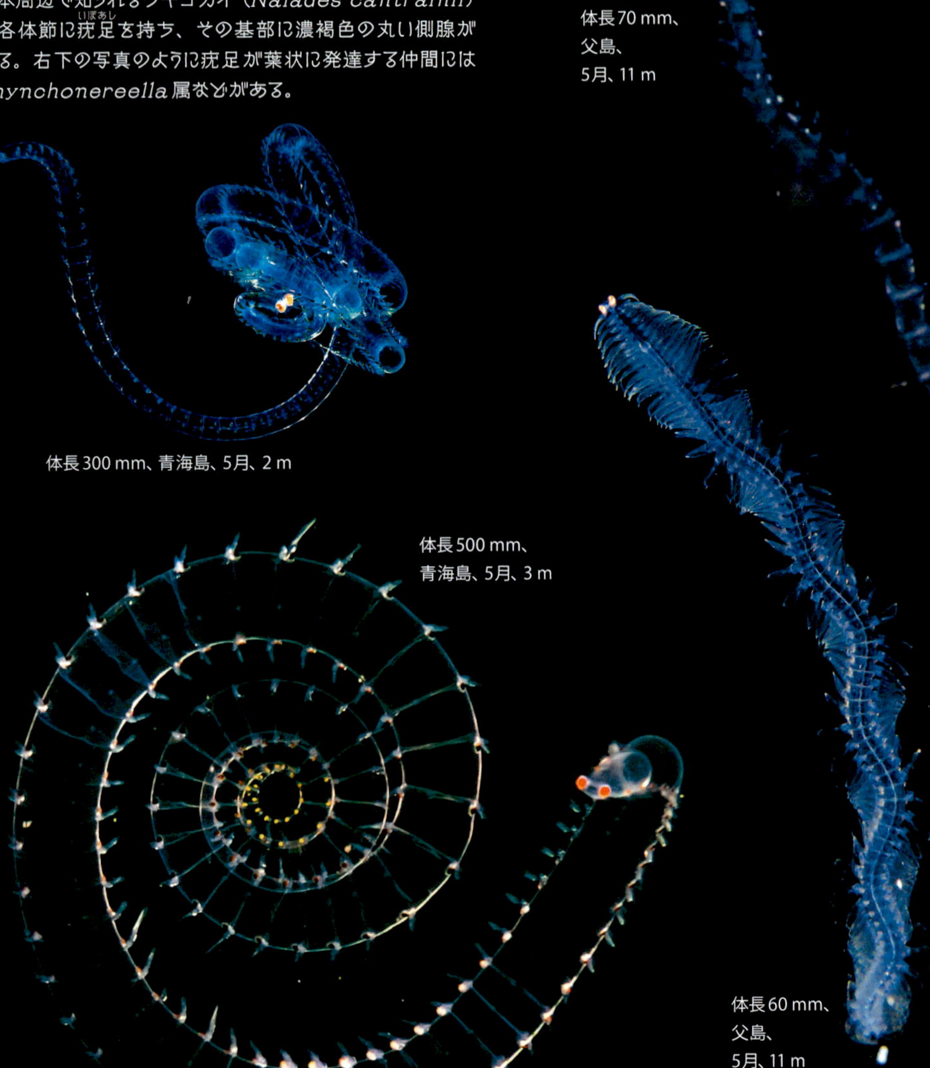

体長70 mm、父島、5月、11 m

体長300 mm、青海島、5月、2 m

体長500 mm、青海島、5月、3 m

体長60 mm、父島、5月、11 m

ウロコムシ科の仲間

Polynoidae genn. et spp.

背側に顕著な鱗を持つ。右の写真のように鱗に模様がある種も知られている。浮遊性のウロコムシ類は深海からの記録が多く、浅所での観察例は極めて稀である。

体長15 mm、青海島、5月、5 m

体長19 mm、青海島、5月、4 m

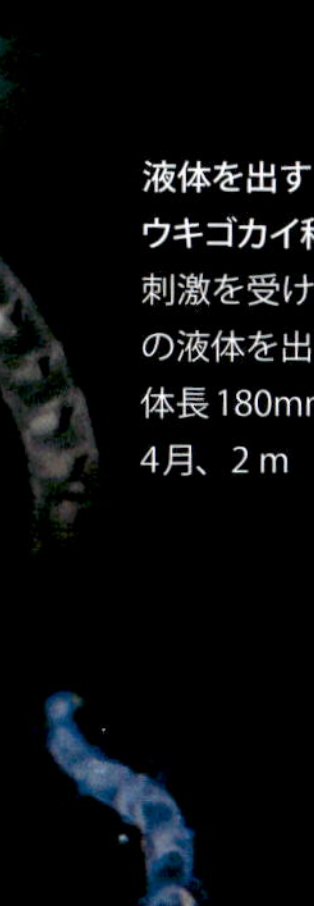

液体を出す
ウキゴカイ科の１種

刺激を受けると黄色や緑色の液体を出すことがある。
体長180mm、青海島、4月、２m（頭幅２mm）

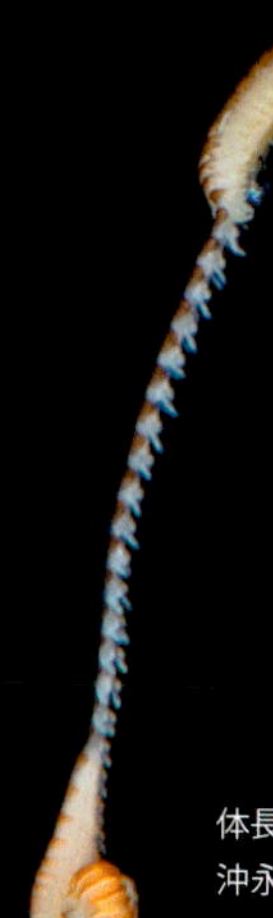

体長10 mm、
沖永良部島、11月、8 m

体長10 mm、
伊豆大島、3月、5 m

シリス科の仲間

Syllidae genn. et spp.

体は小さく、細長い。４つの眼を持つ。普段は海底で生活するが、産卵期になると剛毛などの形が変わって遊泳に適した姿になるか、後端に生殖型個体を無性的に芽出する。オートリタス亜科やエクソゴネ亜科は左の写真のように抱卵する習性を持つ。

オヨギゴカイ属の仲間 ［オヨギゴカイ科］

Tomopteris spp.

体は透明でゼラチン質である。疣足に剛毛はない。頭部から伸びる感覚糸は体長よりも短い。日本周辺では、尾部を持つオヨギゴカイ（*T. pacifica*）、尾部を持たないオナシオヨギゴカイ（*T. septentrionalis*）や*T. elegans*を観察できる。

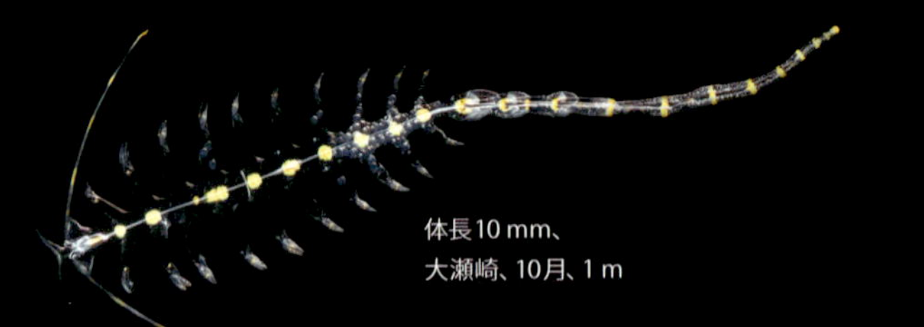

体長10 mm、
大瀬崎、10月、1 m

体長11 mm、
大瀬崎、10月、5 m

体長15 mm、
大瀬崎、12月、8 m

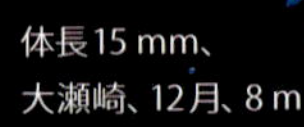

イオスピルス科の1種

Iospilidae gen. et sp.

体の前方にある3-10個の体節には小さく退化した疣足がある。イオスピルス科には世界で3属4種が知られる。日本では*Phalacrophorus*属の2種が記録されている。

体長50 mm、青海島、9月、5 m（齋藤勇一）

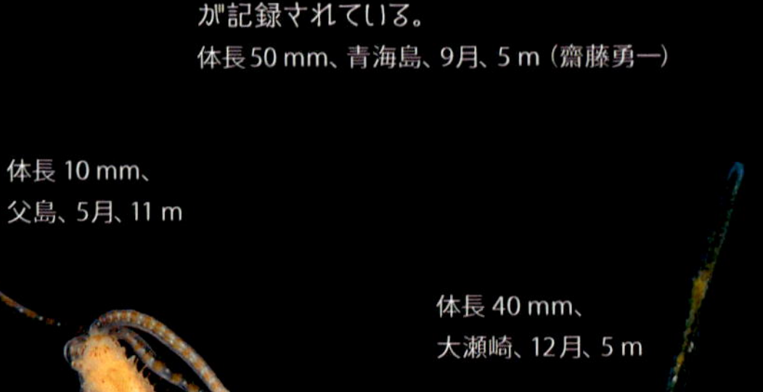

体長 10 mm、
父島、5月、11 m

体長 40 mm、
大瀬崎、12月、5 m

フサゴカイ科の仲間

Terebellidae genn. et spp.

頭部に多数の細長い口触手を持つ。多くの種はチューブ状の棲管を作って海底で生活する。浮遊する個体は、変態直後の稚ゴカイや一時的に棲管から泳ぎ出たものである可能性がある。

ツバサゴカイ科の仲間
Chaetopteridae spp.

浮遊幼生。頭部に2本の触手を持ち、体の後方に体節が形成される。右の幼生は口を大きく開けている。幼生は懸濁物を粘液で捕らえて食べる。口の左右外側にある赤い点は眼点である。下は体節形成が進んだ幼生で、着底して稚ゴカイに変態する直前である。

体長3 mm、青海島、3月、5 m（真木久美子）

体長3 mm、青海島、3月、5 m（真木久美子）

イイジマムカシゴカイ科の1種
Polygordiidae gen. et sp.

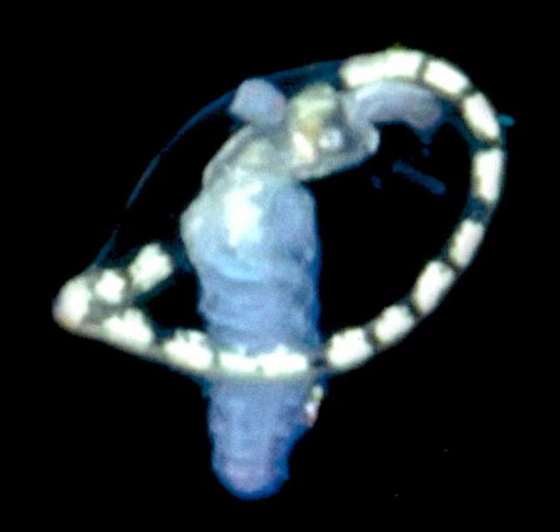

浮遊幼生。トロコフォアに続く発育段階で、本科だけに現れるローヴェン幼生である。体の後部は分節しながら徐々に伸長し、やがて傘部が小さくなって変態を完了する。ローヴェン幼生の生時の写真はほとんどなく、たいへん貴重である。
体長2 mm、青海島、9月、5 m（真木久美子）

スジホシムシ科の1種
Sipunculidae gen. et sp.

浮遊幼生。ペラゴスフェラと呼ばれる。腹側に口、背側に眼がある頭部、発達した繊毛環を有する中間部、内部に消化管を収める胴部に分かれる。胴部の外縁には多数の溝がある。刺激を受けると、頭部と中間部を胴部の中に引っ込める。
体長6 mm、青海島、10月、3 m

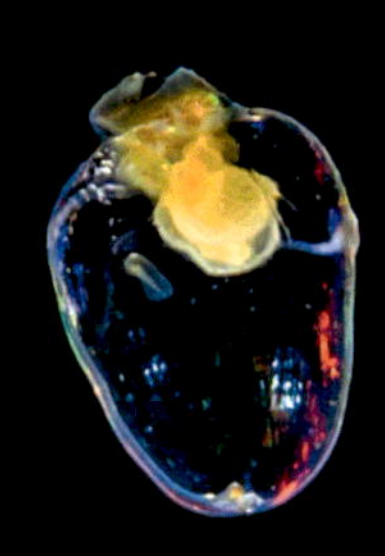

エビ

節足動物門甲殻亜門軟甲綱十脚目に属するエビ形の体を持つ動物の総称。共通祖先の異なる複数の分類群を含む。多くの種はゾエアとして浮遊幼生期を経過後、ポストラーバ（デカポディド）へと変態して着底する。成体になっても浮遊生活を続ける種もある。

クルマエビ科の1種
［根鰓亜目クルマエビ上科］
Penaeidae gen. et sp.

デカポディド。根鰓亜目では第1腹節の側板が第2腹節の側板を覆うが、抱卵亜目では第2腹節の側板が第1および第3腹節の側板を覆う。この特徴は成体にも認められる。クルマエビ科の第1触角にある2本の鞭はほぼ同じ長さである。腹肢をリズミカルに打ち振って遊泳する。

体長15 mm、父島、5月、2 m

オヨギチヒロエビ科の1種
［根鰓亜目クルマエビ上科］
Benthesicymidae gen. et sp.

ゾエア（ミシス期）。長く鋭い額棘を持ち、第2腹節の背側に強大な棘がある。写真の個体の腹部には発達した腹肢があるので、間もなくデカポディドへ変態すると考えられる。

体長12 mm、大瀬崎、1月、6 m

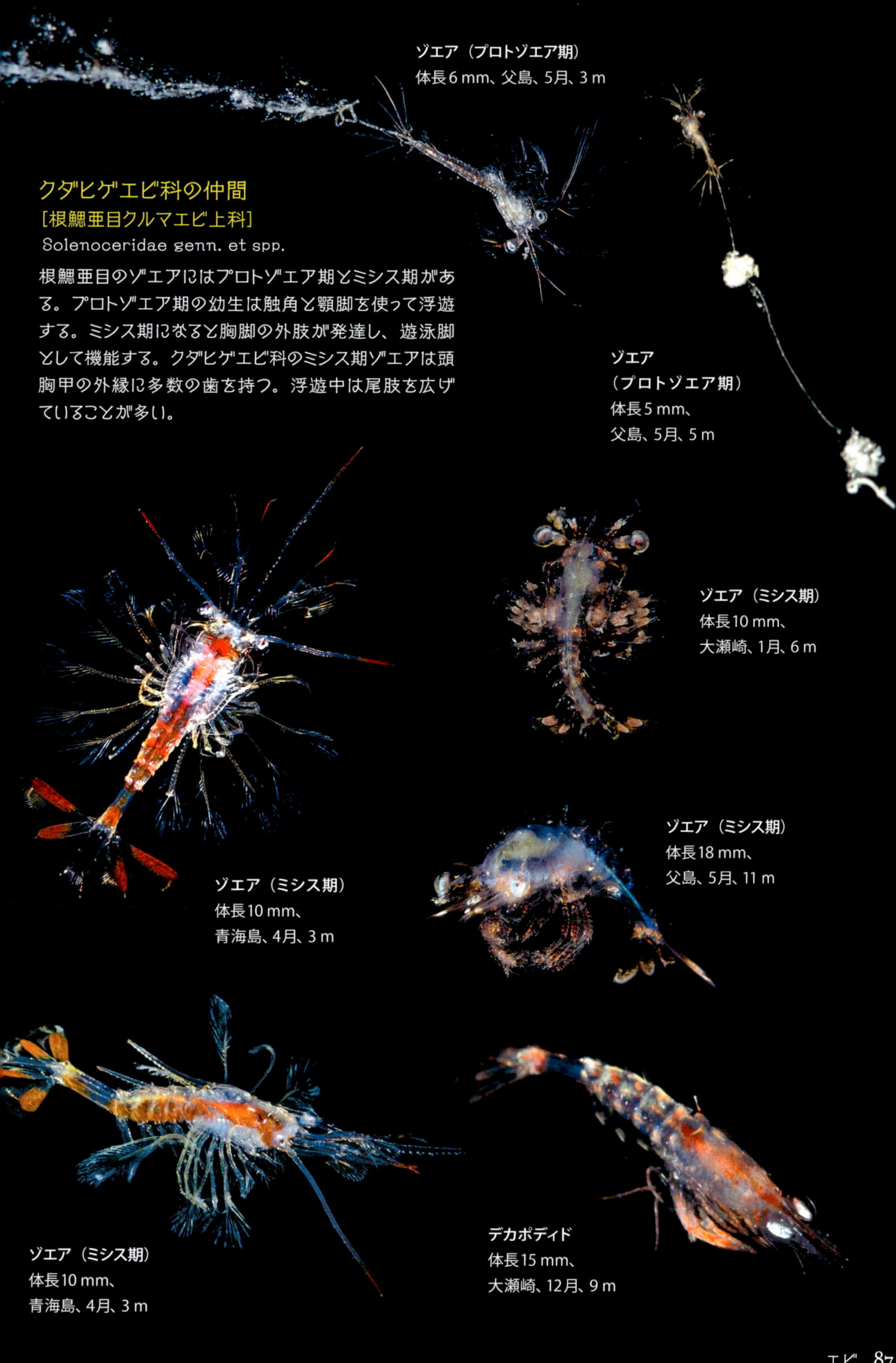

ゾエア（プロトゾエア期）
体長6 mm、父島、5月、3 m

クダヒゲエビ科の仲間
［根鰓亜目クルマエビ上科］

Solenoceridae genn. et spp.

根鰓亜目のゾエアにはプロトゾエア期とミシス期がある。プロトゾエア期の幼生は触角と顎脚を使って浮遊する。ミシス期になると胸脚の外肢が発達し、遊泳脚として機能する。クダヒゲエビ科のミシス期ゾエアは頭胸甲の外縁に多数の歯を持つ。浮遊中は尾肢を広げていることが多い。

ゾエア
（プロトゾエア期）
体長5 mm、
父島、5月、5 m

ゾエア（ミシス期）
体長10 mm、
大瀬崎、1月、6 m

ゾエア（ミシス期）
体長18 mm、
父島、5月、11 m

ゾエア（ミシス期）
体長10 mm、
青海島、4月、3 m

ゾエア（ミシス期）
体長10 mm、
青海島、4月、3 m

デカポディド
体長15 mm、
大瀬崎、12月、9 m

サクラエビ属の仲間

[根鰓亜目サクラエビ上科サクラエビ科]

Sergia spp.

成体。体は全体的に側扁し、第２触角の鞭状部は体長の２倍以上に伸びる。サクラエビ科の第２触角鞭状部は途中で折れ曲がり、それより先には細い毛が密生する。胸脚には多数の長い剛毛を備え、発達した腹肢を動かして遊泳する。触角や尾肢に発光器を持つ種もある。

体長15 mm、
大瀬崎、12月、1 m

体長20 mm、
青海島、4月、3 m

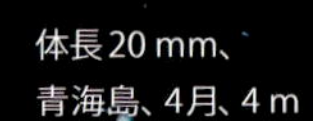

体長20 mm、
青海島、4月、4 m

カスミエビ属の１種

[根鰓亜目サクラエビ上科サクラエビ科]

Sergestes sp.

成体。サクラエビ属とよく似るが、カスミエビ属の種には頭胸甲の側面にペスタ器官と呼ばれる発光器がある。写真のように第３顎脚が胸脚よりも著しく長い種には、ウデナガカスミエビ（*S. sargassi*）やトガリカスミエビ（*S. armatus*）などがある。

体長25 mm、父島、5月、3 m

体長15 mm、
大瀬崎、7月、1 m

ユメエビ科の仲間

[根鰓亜目サクラエビ上科]

Luciferidae genn. et spp.

成体。サクラエビ類と同様に、幼生も成体も浮遊生活を送る。成体雄の第6腹節の腹側には顕著な棘がある。この棘の形や長さは種によって異なる。左の写真のように、2本の棘が同等に伸びるのはナミノリユメエビ（*Belzebub intermedius*）の特徴である。

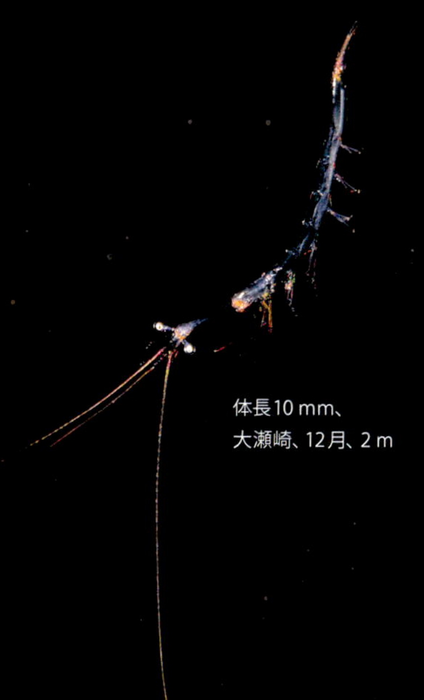

体長10 mm、
大瀬崎、12月、2 m

体長15 mm、
大瀬崎、1月、6 m

ふさふさの胸脚は何のため？

　エビ類の脚にはたいてい毛が生えているのだが、サクラエビの仲間が持つ胸脚の毛は著しく多く、長く、櫛状になっている。なぜだろうか？　彼らの主食は小さな粒子状のプランクトンである。ジンベイザメのように泳ぎながら海水ごとプランクトンを吸い込むことができないサクラエビ類は、毛の長い胸脚を広げたり閉じたりして微小な餌を集めているようだ。それに、胸脚を広げると水に対する抵抗が大きくなり、じっとしていても沈みにくくなると考えられる。泳ぐときや逃げるときは、胸脚を体に密着させて抵抗を小さくすれば良い。小さなサクラエビ類が小さな力で生きていくためには、このふさふさの胸脚が必要なのだろう。（阿部秀樹）

サクラエビ属の1種
体長20 mm、青海島、4月、5 m

サヨエビ

［抱卵亜目コエビ下目タラバエビ科］

Chlorotocus crassicornis

ゾエア。タラバエビ科には、幼生期にクラゲ類などのゼラチン質動物プランクトンに乗って浮遊する種がいくつか知られている。自らが乗るクラゲ類をダイバーに向けて身を隠すことがある。この行動には、捕食者を避けるという意味があるのかもしれない。

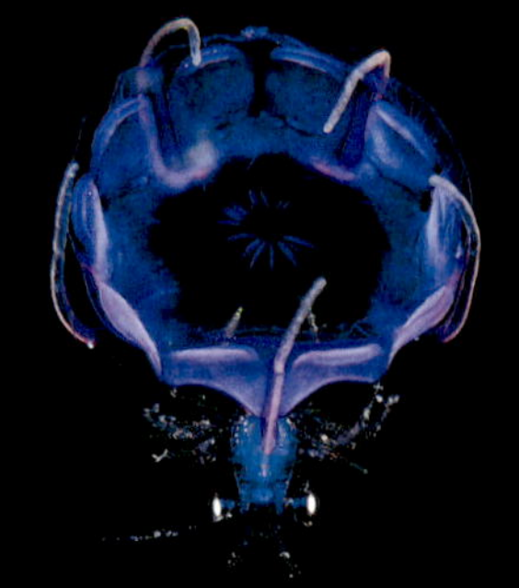

体長20 mm、青海島、5月、5 m

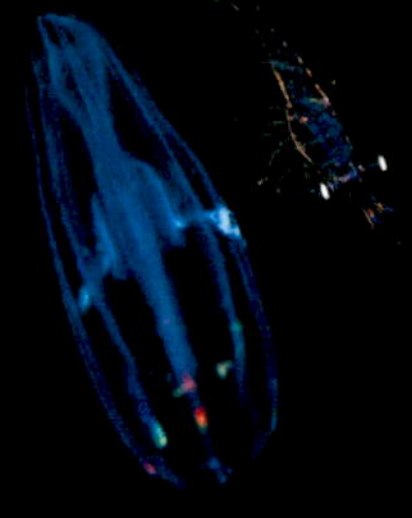

ヘンゲクラゲに近づくゾエア
体長15 mm、青海島、5月、5 m

ウミコップ属のクラゲに乗るゾエア
体長18 mm、青海島、5月、5 m

ツヅミクラゲに乗るゾエア
体長15 mm、青海島、4月、3 m

ヒゲナガモエビ科の仲間

［抱卵亜目コエビ下目］

Lysmatidae genn. et spp.

ゾエア。第5胸脚の先端が発育に伴い徐々に大きくなり、やがて棍棒状に肥大する。棍棒の大きさや形態は種や発育段階によって様々である。肥大した第5胸脚は捕食者の回避や餌の捕獲に使われるなど諸説があるが、その役割は明らかになっていない。

体長10 mm、八丈島、11月、9 m

体長12 mm、獅子浜、10月、14 m

体長10 mm、大瀬崎、10月、3 m

体長11 mm、八丈島、11月、10 m

モエビ科の1種［抱卵亜目コエビ下目］

Hippolytidae gen. et sp.

ゾエア。細い胴部に長い眼柄を持つ点でヒゲナガモエビ科のゾエアに似るが、モエビ科のゾエアでは第5胸脚の先端が肥大しない。下の写真のゾエアは、発達した腹肢を持つのでデカポディドへの変態直前と見られる。

体長9 mm、
大瀬崎、12月、6 m

体長8 mm、
大瀬崎、12月、5 m

アンフィオニデス レイナウディ［抱卵亜目コエビ下目］

Amphionides reynaudii

幼生。体は扁平で、胸部が腹部より長い。胸脚の外肢を羽ばたかせるようにして泳ぐ。第2触角は体長の2倍以上の長さになる。世界中の熱帯海域で見つかる。100 m以浅の表層で多く採集されるが、主として200-500 m深に生息する。日本沿岸で確認されたのは非常に珍しい。

体長27 mm、大瀬崎、4月、1m

オトヒメエビ科の仲間［抱卵亜目オトヒメエビ下目］

Stenopodidea genn. et spp.

デカポディド。第1-3胸脚の先端はハサミ状に発達し、外見は成体とよく似ている。腹部が第3腹節付近でやや曲がるのはゾエアの名残である。オトヒメエビ科には第3腹節に、ドウケツエビ科には第3-5腹節に、それぞれ短い背棘がある。

体長28 mm、
沖永良部島、
3月、11 m

体長17 mm、
沖永良部島、11月、6 m

イセエビとセミエビ

節足動物門甲殻亜門軟甲綱十脚目イセエビ下目のゾエアとポストラーバ。ゾエアは葉っぱのような体、という意味の「フィロゾーマ」とも呼ばれる。また、ポストラーバを「プエルルス（イセエビ科）」または「ニスト（セミエビ科）」とも呼ぶ。

イセエビ［イセエビ科］

Panulirus japonicus

プエルルス。外見は稚エビとほぼ同じであるが、透明で、餌を食べない。外洋でフィロゾーマから変態したプエルルスは、腹肢を使って泳ぎ沿岸まで移動する。藻場で着底し、脱皮して稚エビになる。

体長27 mm、大瀬崎、10月、4 m

プエルルスから脱皮した直後の稚エビ

体長30 mm、大瀬崎、10月、7 m

着底直後のプエルルス

体長28 mm、大瀬崎、10月、水深8 m

成体

体長25 cm、大瀬崎、6月、水深8 m

ウチワエビ［セミエビ科］

Ibacus ciliatus

フィロゾーマ。頭甲後縁は湾入せず、背側の隆起線上に10-11本の歯がある。近縁種であるオオバウチワエビ（*I. novemdentatus*）のフィロゾーマでは頭甲後縁が著しく湾入し、背側の隆起線上に7-9本の歯を持つ。

頭甲幅40 mm、青海島、5月、8 m

頭甲幅35 mm、青海島、5月、8 m

頭甲幅35 mm、青海島、5月、8 m

頭甲幅35 mm、青海島、5月、8 m

頭甲幅40 mm、青海島、5月、4 m

頭甲幅35 mm、青海島、5月、8 m

ウチワエビ属の1種［セミエビ科］

Ibacus sp.

フィロゾーマ。発育後期になると頭甲が腹側へやや湾曲して丸みを帯びるのが本属フィロゾーマの特徴である。沿岸域で観察できるフィロゾーマの中では大型で、クラゲ類（p.38）を中心に様々なゼラチン質動物プランクトンに乗って浮遊している場合が多い。種の同定には、頭甲の背側後縁を見る必要がある（p.93）。

頭甲幅35 mm、青海島、5月、8 m

オオバウチワエビの成体

通常は40 m以深の砂泥底に生息する。

体長20 cm、柏島、5月、水深36 m

ゾウリエビ［セミエビ科］

Parribacus japonicus

ニスト。本種のニスト、稚エビ、成体は第2触角の側縁に5本の歯を持つ。近縁種のミナミゾウリエビ（*P. antarcticus*）には6歯が認められる。本属のフィロゾーマやニストはイセエビ・セミエビ類の中で最も大きい。

体長80 mm、大瀬崎、3月、6 m

セミエビ属の1種 ［セミエビ科］

Scyllarides sp.

ニスト。腹部の背側後方に顕著な棘がある。前種ほど大きくならず、最大でも体長50㎜程度である。変態直後のニストは透明で、時間とともに徐々に不透明になる。本属のニストに関する情報は極めて少なく、貴重な生態写真である。

体長35 mm、父島、5月、8 m

ヨコヤヒメセミエビ ［セミエビ科］

Petrarctus brevicornis

フィロゾーマ。体のあちこちに濃い橙色の色素胞を有する。ダイバーから提供された情報とDNAの分析によって本種であることが判明した。ダイバーと研究者の連携が新発見につながることも少なくない。

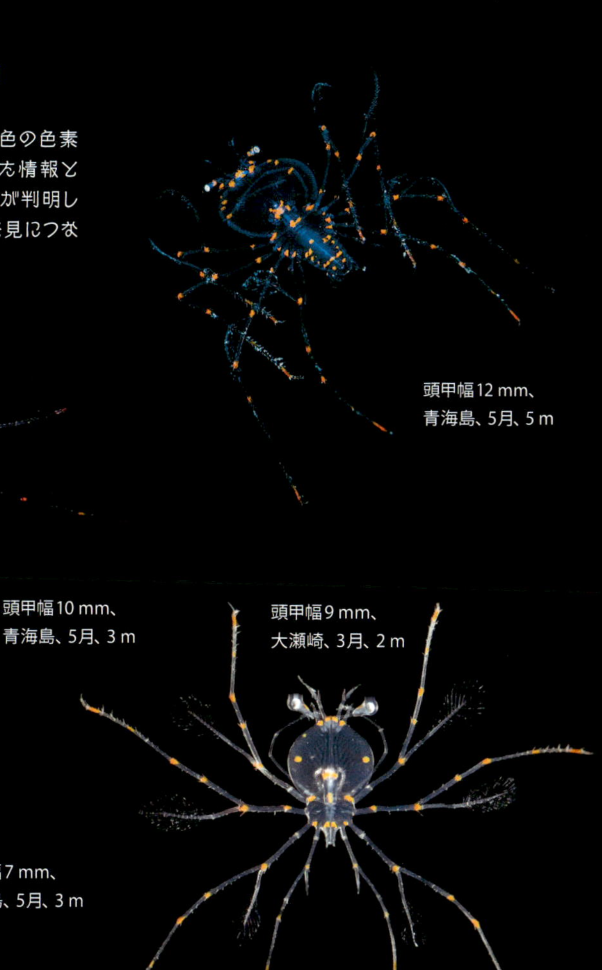

頭甲幅12 mm、青海島、5月、5 m

頭甲幅10 mm、青海島、5月、3 m

頭甲幅9 mm、大瀬崎、3月、2 m

頭甲幅7 mm、青海島、5月、3 m

エクボヒメセミエビ

［セミエビ科］

Eduarctus martensii

フィロゾーマ。尾肢の後端が鋭く尖る。本種の成体は体長約20㎜で、世界で最も小さいセミエビ類である。フィロゾーマも小さく、成長しても体長10㎜ほどである。小型のヒドロ虫類（p.40）やクシクラゲ類（p.50）の幼生に乗って浮遊する。

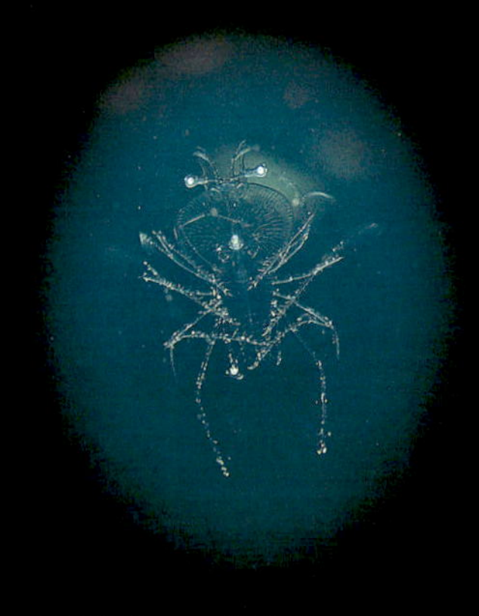

頭甲幅10 mm、島根沖泊、6月、3 m

頭甲幅10 mm、青海島、5月、7 m

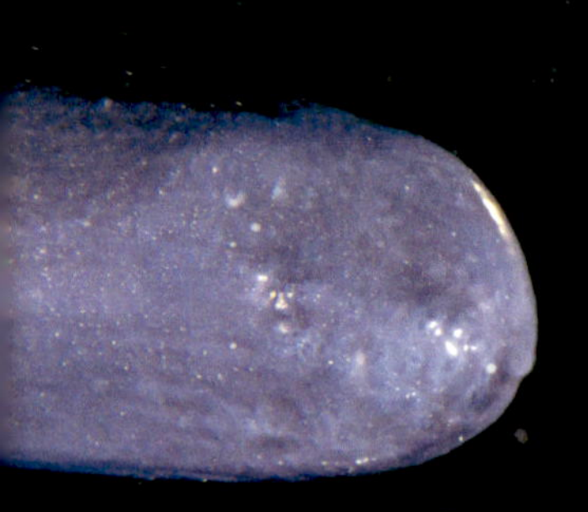

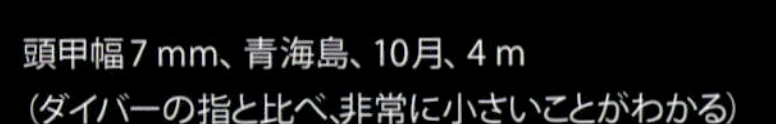

頭甲幅7 mm、青海島、10月、4 m
（ダイバーの指と比べ、非常に小さいことがわかる）

頭甲幅9 mm、青海島、5月、8 m

フタバヒメセミエビ ［セミエビ科］

Crenarctus bicuspidatus

フィロゾーマ。第２触角の外肢先端は前方を向く。尾節は尾肢よりも少し長く、２本の側棘を備える。ヒメセミエビ（*Chelarctus virgosus*）では第２触角の外肢先端が側方を向き、キタンヒメセミエビ（*Galearctus kitanoviriosus*）では尾節が尾肢よりも短い。

頭甲幅10 mm、大瀬崎、3月、5 m

ヒメセミエビ亜科の仲間

[セミエビ科]

Scyllarinae genn. et spp.

日本周辺には12種のヒメセミエビ亜科の仲間が生息するが、初期生活史が明らかになっているのは数種のみである。特に初期から中期のフィロゾーマは他種間でも酷似しており、写真での種判別は極めて難しい。

頭甲幅8 mm、大瀬崎、11月、11 m

小型のフィロゾーマは
小型のクラゲ類を選ぶ傾向がある
頭甲幅6 mm、青海島、5月、4 m

フィロゾーマの多くは
体が極端に扁平である
頭甲幅7 mm、青海島、5月、7 m

孵化直後のフィロゾーマには眼柄がない
頭甲幅2 mm、大瀬崎、5月、0.5 m

体長12 mm、大瀬崎、11月、3 m

変態直後の透明なニスト
「ガラスエビ」とも呼ばれる。ニストは浮遊生活から底生生活への移行期で、顎などの摂餌器官が退化し、餌も食べずに着底場所へと向かう。その期間は1-2週間ほどと短く、海中で観察できる機会は稀である。

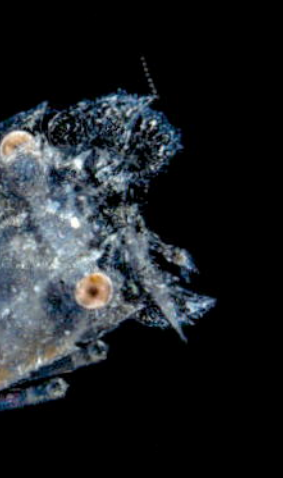

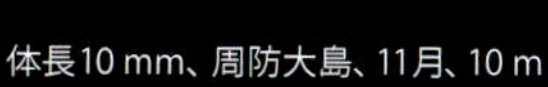

体長10 mm、周防大島、11月、10 m

ヤドカリとコシオリエビ

節足動物門甲殻亜門軟甲綱十脚目異尾下目のゾエアとポストラーバ。異尾類にはヤドカリ類、コシオリエビ類、カニダマシ類などが含まれる。

ヤドカリ上科の仲間

Paguroidea

ポストラーバ。ヤドカリ類のポストラーバはグラウコトエとも呼ばれる。グラウコトエの形態は成体に類似する。左右のハサミが等大または左のほうが大きい場合はヤドカリ科、右のほうが大きい場合はホンヤドカリ科やオキヤドカリ科の可能性がある。ヤドカリ類のゾエアの頭胸甲は前後に長く、カニ類のゾエアように球状にならない。

体長3 mm、
青海島、5月、8 m

体長3 mm、
大瀬崎、3月、5 m

体長6 mm、
大瀬崎、3月、7 m

体長6 mm、
青海島、5月、7 m

ケブカヒメヨコバサミ（*Paguristes ortmanni*）の成体
左右のハサミはほぼ等大である。ヤドカリ科。
頭胸甲幅5 mm、大瀬崎、5月、12 m

コシオリエビ科の仲間

［コシオリエビ上科］

Galatheidae genn. et spp.

コシオリエビ科とチュウコシオリエビ科のゾエアには頭胸甲の後縁にノコギリ状の小さな歯列があり、ヤドカリ類のゾエアと区別できる。コシオリエビ上科のポストラーバはメガロパとも呼ばれ、外見は成体に類似する。本科メガロパの額棘は幅広く、三叉になる。

ゾエア
体長6mm、
青海島、10月、5m

メガロパ
体長4 mm、
青海島、1月、5 m
（中島賢友）

チュウコシオリエビ科の1種

［コシオリエビ上科］

Munididae gen. et sp.

本科とコシオリエビ科のゾエアは互いに酷似し、区別は難しい。一方、メガロパが持つ額棘の形態は両者で異なる。チュウコシオリエビ科は分岐のない細い額棘を持ち、その両側に短い棘がある。写真のゾエアは右のメガロパへと変態したので、本科であると判明した。

メガロパ
体長7 mm、
父島、5月、8 m

ゾエア
体長5 mm、
父島、5月、8 m

カニダマシ科の仲間

[コシオリエビ上科]

Porcellanidae genn. et spp.

ゾエア。体は細く小さいが、体長の3倍にもなる著しく長い額棘を持つ。ヘイケガニ科のような額棘の長いカニ類のゾエアと混同されることがあるが、カニダマシ類のゾエアは頭胸甲の後方に2本の後側棘を持つので区別できる。その長さは種や発育段階によって様々である。尾節は扇形で、後縁に複数の長い剛毛がある。

体長4 mm、
大瀬崎、9月、6 m

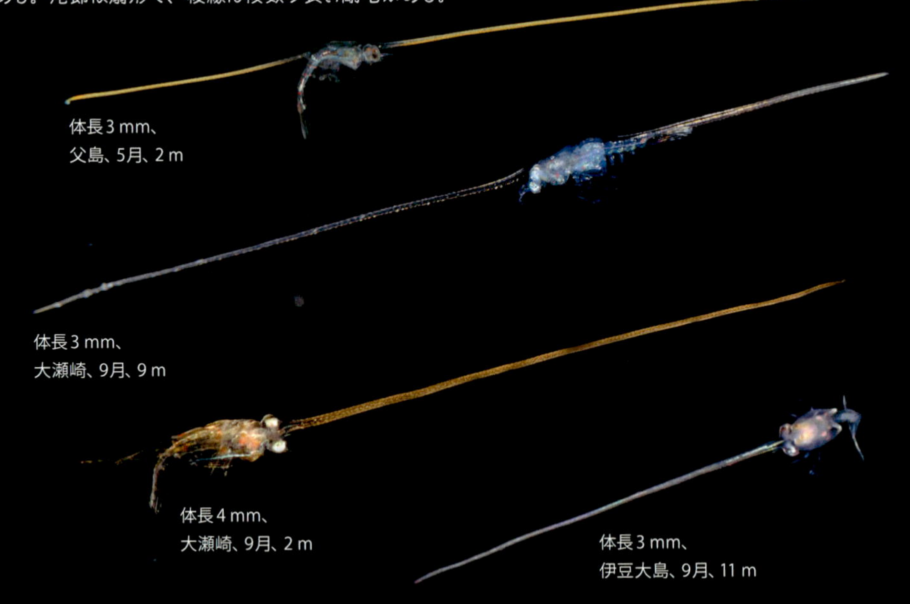

体長3 mm、
父島、5月、2 m

体長3 mm、
大瀬崎、9月、9 m

体長4 mm、
大瀬崎、9月、2 m

体長3 mm、
伊豆大島、9月、11 m

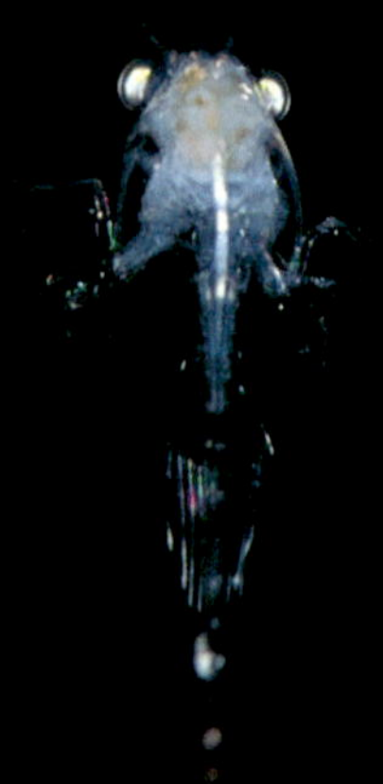

体長5 mm、
青海島、5月、7 m

脱皮直後のウミエラカニダマシ（*Porcellanella triloba*）の成体
頭胸甲幅6 mm、千本浜、11月、水深16 m

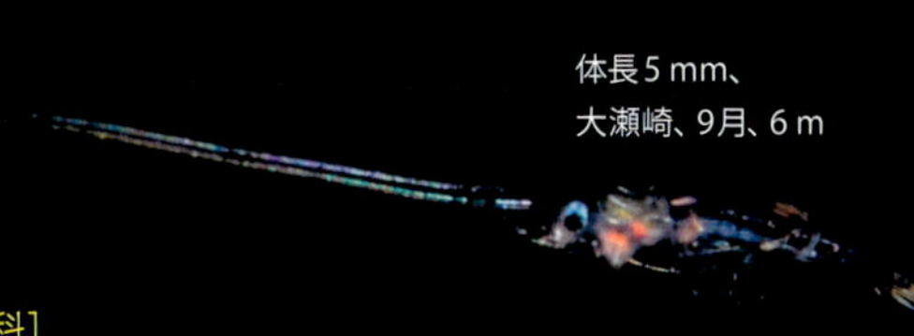

体長5 mm、
大瀬崎、9月、6 m

スナホリガニ科の仲間［スナホリガニ上科］

Hippidae genn. et spp.

ゾエア。ヤドカリ類やコシオリエビ類のゾエアに比べると大型である。頭胸甲には1本の額棘と2本の側棘があり、どちらも太く短い。尾節は幅広く、その後縁は緩やかな弧を描く。

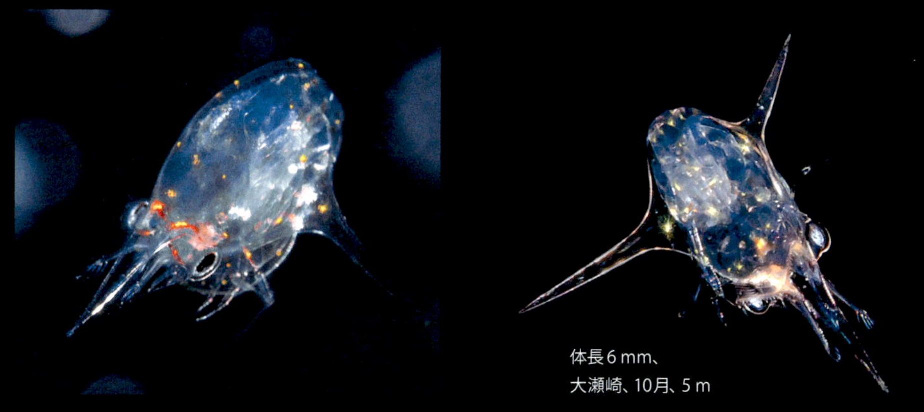

体長6 mm、
大瀬崎、10月、5 m

体長8 mm、大瀬崎、9月、7 m

エビ・カニたちのマジックショー

エビやカニ、貝類の体は、幼生も成体も、たいてい硬い殻で守られている。貝類は体の成長にあわせて殻をだんだん大きくする。その殻は一生ものだ。それに対し、エビやカニは体の成長にあわせて殻をどんどん脱いでいく。古い殻の内側には、新しい殻が準備されている。その日が来たら、一気に脱皮だ。古い殻とはそこでお別れ。左ページのウミエラカニダマシのように、後ろを振り返ることもなくその場を立ち去る。

エビやカニが見せる究極の脱皮は、幼生がポストラーバになるとき。変態のときだ。普段の脱皮と同じように殻を脱ぎ捨てるのだが、中から出てくる体の形はまったく別の生き物かと思うほど変わってしまう。海では毎晩、こんなマジックショーが繰り広げられるのだ。どんなタネや仕掛けがあるのだろう。いつか、解き明かしてみたい。（若林香織）

カニダマシ科の1種のゾエア
体長3 mm、大瀬崎、9月、2 m

カニ

節足動物門甲殻亜門軟甲綱十脚目短尾下目のゾエアとポストラーバ。ポストラーバはメガロパとも呼ばれる。カニ類は世界から約7,000種が発見されており、その種数は十脚目全体のおよそ半分に相当する。成体はもちろん、ゾエアの形態も多様である。

ミズヒキガニ科の仲間［ホモラ上科］

Latreilliidae genn. et spp.

メガロパ。頭胸甲の前方に左右1対の長い角状の突起を持ち、背側には1本の顕著な棘がある。カニ類のメガロパは発達した腹肢を動かして泳ぐ。このとき胸脚を折りたたんで頭胸甲に接着させ、遊泳時の抵抗を小さくする。

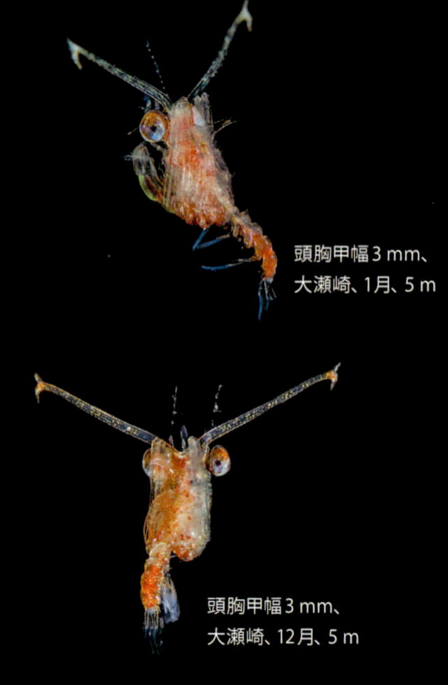

頭胸甲幅3 mm、大瀬崎、1月、5 m

頭胸甲幅3 mm、大瀬崎、12月、5 m

頭胸甲幅3 mm、大瀬崎、4月、3 m

ミズヒキガニの小型個体

頭胸甲幅5 mm、大瀬崎、水深20 m

アサヒガニ

［アサヒガニ上科アサヒガニ科］

Ranina ranina

ゾエア。額棘と背棘が前後に一直線上に長く伸びる。カニ類によく見られる外見であるが、本科のゾエアは幅広い三角形の尾節を持つので容易に見分けられる。

体長7 mm、大瀬崎、10月、2 m

体長9 mm、
青海島、5月、5 m

体長8 mm、
大瀬崎、3月、1 m

体長6 mm、
青海島、5月、5 m

体長8 mm、青海島、5月、5 m

ビワガニ属の仲間

［アサヒガニ上科アサヒガニ科］

Lyreidus spp.

ゾエア。背棘はほぼ垂直にまっすぐに伸び、側棘は緩やかな直角に屈曲する。背棘と側棘の先端が球状に膨れる場合や尖る場合があり、種によって異なると考えられる。前種と同様、尾節は幅広い三角形である。カニ類のゾエアの中では比較的大きく、水中で観察しやすい。

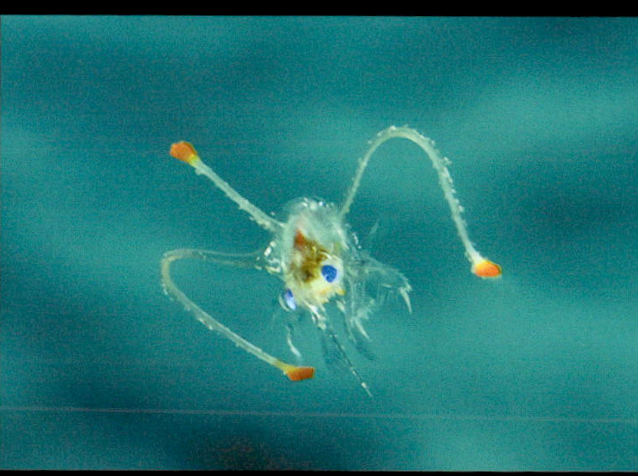

体長8 mm、青海島、5月、6 m

アサヒガニ科の1種 ［アサヒガニ上科］

Raninidae gen. et sp.

メガロパ。頭胸甲の幅は長さよりも小さく、全体的に丸みを帯びる。アサヒガニでは額棘が尖らず頭胸甲の表面が滑らかであるが、ビワガニ（*L. tridentatus*）では額棘が鋭く尖り頭胸甲に顆粒状の突起がある。

頭胸甲幅4 mm、大瀬崎、3月、1 m

サメハダヘイケガニ
[ヘイケガニ上科ヘイケガニ科]

Paradorippe granulata

本種や同科のキメンガニ（*Dorrippe sinica*）のゾエアでは、額棘と背棘はそれぞれ前後に直線状に伸長し、体はその中央付近に位置する。本種ゾエアの背棘先端には黄色い色素が点状に配列する。メガロパの腹部は頭胸甲に対して極端に小さく、ほとんど遊泳せずに着底すると考えられる。

ゾエア
体長7 mm、
大瀬崎、12月、7 m

ゾエアの脱皮殻

メガロパ（左下個体の脱皮後）
頭胸甲幅4 mm、大瀬崎、
10月、7 m

マルミヘイケガニ科の１種❶
[ヘイケガニ上科]

Ethusidae gen. et sp.1

ゾエア。本科とヘイケガニ科から成るヘイケガニ上科のゾエアは著しく長い逆V字状の尾叉を持ち、尾叉の内側には1対の細い剛毛がある。現在までに観察されているマルミヘイケガニ科のゾエアは側棘を持つが、ヘイケガニ科のゾエアに側棘はない。
体長10 mm、青海島、5月、6 m

マルミヘイケガニ科の1種❷
［ヘイケガニ上科］

Ethusidae gen. et sp. 2

ゾエア。本種はヘイケガニ科のような前後一直線に長い額棘と背棘を持つが、頭胸甲の左右に短い側棘があるのでマルミヘイケガニ科であると判断できる。長い腹部を前後に折り曲げ、尾叉で体のあらゆる部位に触れることができる。

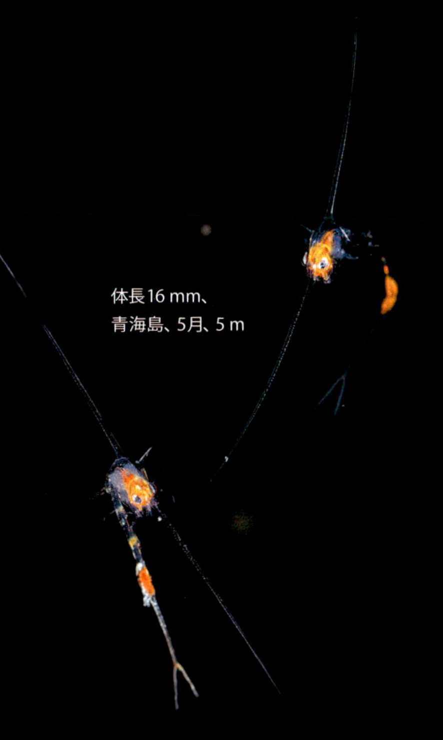
体長16 mm、
青海島、5月、5 m

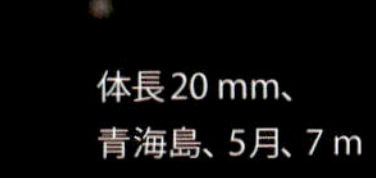
体長20 mm、
青海島、5月、7 m

コブシガニ科の1種 ［コブシガニ上科］

Leucosiidae gen. et sp.

ゾエア。頭胸甲の前方に額棘、背側に背棘、左右に側棘がそれぞれバランスよく伸び、4本足の波消しブロックのような形である。これらの棘が1本もない坊主頭のゾエアを経過する種もある。尾節が二叉せず三角状になるのは本科ゾエアに共通の特徴である。

体長3 mm、青海島、10月、9 m

ゾエア
体長4 mm、竹野、5月、8 m

ヤワラガニ科の1種［ヤワラガニ上科］

Hymenosomatidae gen. et sp.

本科では、ゾエアがメガロパ期を経過せずに直接稚ガニへと変態することが知られている。写真のゾエアは長い額棘と背棘を持ち、それらは体の前後を取り囲むように弓状に湾曲する。本科には頭胸甲に棘を持たない坊主頭のゾエアも少なくない。

ゾエア
体長3 mm、青海島、5月、4 m

ゾエア
体長4 mm、竹野、5月、8 m

ゾエアの脱皮殻

稚ガニ（左個体の脱皮後）
頭胸甲幅4 mm、青海島、10月、5 m

カクレガニ科の仲間

［カクレガニ上科］

Pinnotheridae genn. et spp.

カクレガニ科はゾエアの形態が最も多様なグループの1つである。写真のようにコブシガニ科のゾエアとそっくりなものもあれば、側棘が短いものや坊主頭のものもある。尾節は二叉状または三葉状である。

ゾエア
体長 5 mm、父島、5月、11 m

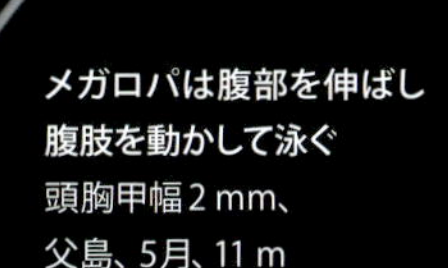

メガロパは腹部を伸ばし腹肢を動かして泳ぐ
頭胸甲幅 2 mm、
父島、5月、11 m

稚ガニの腹部は胸部に接着するように折りたたまれる
頭胸甲幅 4 mm、大瀬崎、1月、4 m

棘の役割とは？

カニ類のゾエアに興奮する特徴の1つが棘だ。前後に長く突き出た棘、三方・四方に張り出た棘、まるで恐竜を連想させる姿に、子供はもちろん、大人も心惹かれる。あるとき、ライトトラップの光の中に、前後に棘を持つゾエアが集まってきた。体の大きさは3mmほどだが、棘の長さは30mmもある。撮影しようとカメラを構えファインダーを覗く直前、全長50-60mmの魚がそのゾエアを目指し口を開けて突進した。しかし、魚はゾエアの数センチ手前で急に進路を変えて他の獲物を探し始めたのだ。口の小さな捕食者にとって、極端に長い棘を持つ獲物は食べにくいに違いない。抵抗する力もなく、すばやく逃げることもできないゾエアが持っている究極の「抑止力」だ。
（阿部秀樹）

アサヒガニのゾエア
体長 7 mm、大瀬崎、10月、2 m

トゲアシガニ属の仲間

[イワガニ上科トゲアシガニ科]

Percnon spp.

額棘と背棘が直線状に伸長し、側棘がある。この特徴はマルミヘイケガニ科にも共通するが、本科のゾエアには尾叉内側に3対の剛毛がある。メガロパの胸脚は太く発達し、頭胸甲の前端には3本の顕著な棘がある。

ゾエア
体長4 mm、
父島、5月、2 m

ゾエア
体長4 mm、
父島、5月、2 m

メガロパ
頭胸甲幅4 mm、
大瀬崎、11月、1 m

ショウジンガニ科の仲間

[イワガニ上科]

Plagusiidae genn. et spp.

ゾエア。頭胸甲には額棘、背棘、側棘がそれぞれバランスよく伸長する。腹部は幅広で、中間部には各腹節に側突起がある。種によって体色が異なるようで、写真のような赤いゾエアのほかに、濃緑色の色素胞を持つゾエアもある。

体長5 mm、大瀬崎、10月、1m

体長5 mm、兄島、5月、10 m

カニ下目の仲間
Brachyura

ここまでに紹介したもの以外に、頭胸甲全体に棘があるゾエアや背棘だけが極端に長いゾエア、花びらを描くように胸脚を折りたたむメガロパなども撮影中に観察された。生活史や幼生形態が知られていないカニ類はまだまだ多い。将来その全貌が明らかになると、多様な形や不思議な生態の意味をより深く理解できるかもしれない。

ゾエア
体長4 mm、父島、5月、11 m

ゾエア
体長5 mm、兄島、5月、10 m

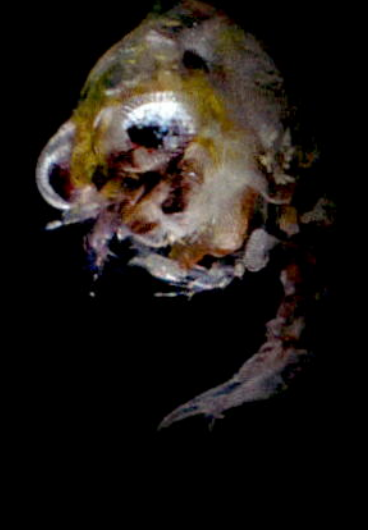

ゾエア
体長3 mm、大瀬崎、3月、5 m

ゾエア
体長3 mm、
青海島、10月、3 m

メガロパ
頭胸甲幅4 mm、
青海島、5月、3 m

ゾエア
体長4 mm、青海島、10月、6 m

メガロパ
頭胸甲幅2 mm、
青海島、10月、2 m

シャコ

節足動物門甲殻亜門軟甲綱口脚目の浮遊幼生とポストラーバ。第2顎脚が大きく発達して鎌状になる。この鎌はシャコ類の最も顕著な特徴で、成体だけでなく孵化後1回または数回脱皮しただけの若い幼生にも備わっている。

トラフシャコ上科の1種

Lysiosquilloidea

幼生。腹尾節は幅広で、その中間歯は1本だけである。トラフシャコ上科にはトラフシャコ科やヒメシャコ科が含まれる。後期幼生はトラフシャコ科の数種について知られているのみで、生態写真も少ない。頭胸甲が風船のように膨れる幼生も知られている。

体長20 mm、大瀬崎、12月、9 m

シャコ［シャコ上科シャコ科］

Oratosquilla oratoria

日本で最も普通に見られるシャコ類である。シャコは卵から幼生として孵化し、脱皮を11回繰り返して成長した後にポストラーバへと変態する。ポストラーバは半日ほどのうちに脱皮して稚シャコになる。琉球列島には近縁種のミナミシャコ（*O. kempi*）が生息する。

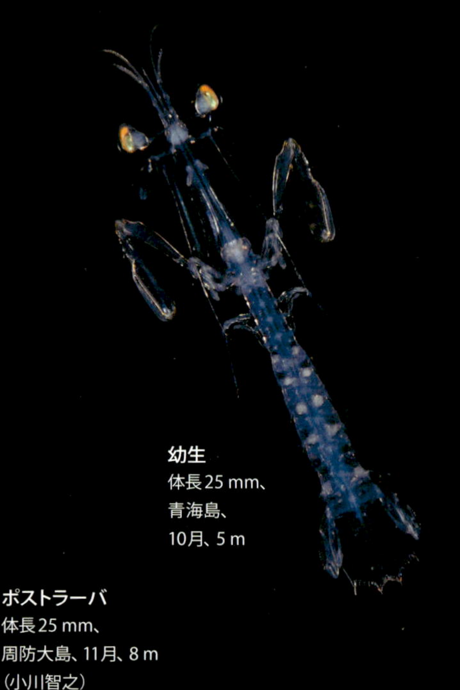

幼生
体長25 mm、
青海島、
10月、5 m

ポストラーバ
体長25 mm、
周防大島、11月、8 m
（小川智之）

アリマシャコ属の1種

［シャコ上科シャコ科］

Alima sp.

幼生。腹尾節の幅は狭く、約10本の中間歯がある。日本ではアリマシャコ（*A. hieroglyphica*）のみが記録されている。台湾には*A. orientalis*が生息するので、日本周辺では少なくともこれら2種の幼生が出現する可能性がある。

体長35 mm、大瀬崎、10月、7 m

シャコ科の1種 ［シャコ上科］

Squilloidea gen. et sp.

ポストラーバ。頭胸甲の後端が丸みを帯び、腹尾節の中間歯が4本以上並ぶことから、シャコ科の1種であると考えられる。写真の個体は第1触角が既知の本科ポストラーバより短いので、ポストラーバがまだ明らかになっていないシャコ科の1種である可能性が高い。

体長15 mm、大瀬崎、10月、5m

型破りなシャコ類の幼生

シャコ類の幼生をアリマと呼ぶことがある。必ずしも間違いではない。アリマと呼べる幼生もいるからだ。しかし、シャコ類の幼生ならどれでもアリマ、というわけではない。アリマは、眼柄が長い、4対の腹肢を持つ、腹尾節に4本以上の中間歯がある、などいくつかの特徴を兼ね備えるシャコ類の幼生に与えられた名称だ。

一方、眼柄が短く、5対の腹肢を持ち、中間歯が1本しかない幼生はエリクタスと呼ばれる。ところが、基本的にはアリマ型だが5対の腹肢を持つ幼生や、エリクタス型だが多数の中間歯を持つ幼生がいる。アリマ型でもエリクタス型でもない幼生もいる。型にはまらないのだから、いっそ「シャコ類の幼生」と呼ぶのが良さそうだ。（若林香織）

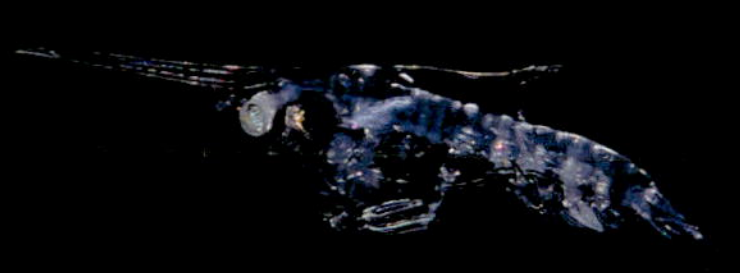

体長12 mm、大瀬崎、9月、7 m

体長13 mm、青海島、10月、5 m

クラゲノミ

節足動物門甲殻亜門軟甲綱端脚目クラゲノミ亜目に属する動物。生活史の一部またはすべてをクラゲ類などのゼラチン質動物プランクトンに付着して過ごし、すみ家や餌として利用する。通常は外洋で生活し、表層から約1,000mの深さでも出現する。

オオタルマワシ
[ナガヒゲウミノミ上科タルマワシ科]
Phronima sedentaria

タルマワシ類の中で最も大型になるのは本種である。成体は第５胸肢腕節にある瘤が１つにまとまり、腹節の後下隅が針状に伸長する。雄の第１触角は長大になるが、第２触角は退化的で極めて短い。サルパ類やヒカリボヤ類（p.130）の内部を食べて外壁を残し、'樽'の中で子育てをする捕食寄生者である。口器のすぐ横にある小さな眼と後頭部全体に発達する大きな眼は、いずれも複眼である。赤く見える部分は網膜で、眼から伸びる晶子体管が集中する。

体長30 mm、青海島、4月、6 m
（頭部の長さ9 mm）

体長25 mm、青海島、5月、7 m

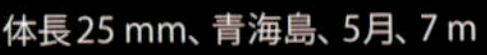

体長30 mm、父島、5月、15 m

体長25 mm、青海島、5月、4 m

タンソクタルマワシ
[ナガヒゲウミノミ上科タルマワシ科]
Phronima colletti

小型で、第５胸肢前節が腕節前縁を大きく超えない。第７胸節は第１腹節よりも長い。本種ｐはフタツクラゲ科などの管クラゲ類（p.49）の泳鐘を利用して樽を作る。

体長15 mm、
青海島、5月、5 m

単独で浮遊する雄
体長15 mm、
大瀬崎、12月、5 m

アシナガタルマワシ
[ナガヒゲウミノミ上科タルマワシ科]
Phronima atlantica

オオタルマワシに似るが、体はやや小さい。第5胸肢腕節の瘤は先端が二分する。腹節側板の後下隅はやや尖るが、オオタルマワシのように針状にはならない。雄は長大な第1触角と多節した長い第2触角を持つ。1つの樽に雌雄がペアで入る様子は極めて稀。繁殖のための行動であるかどうかは不明である。

樽の中で子育てをする雌
体長20 mm、青海島、4月、4 m

胸部に卵を抱える雌
体長20 mm、青海島、5月、5 m

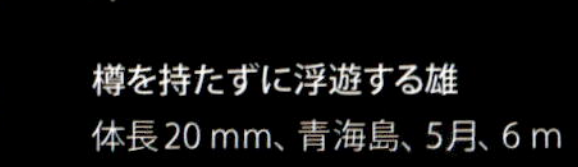

樽を持たずに浮遊する雄
体長20 mm、青海島、5月、6 m

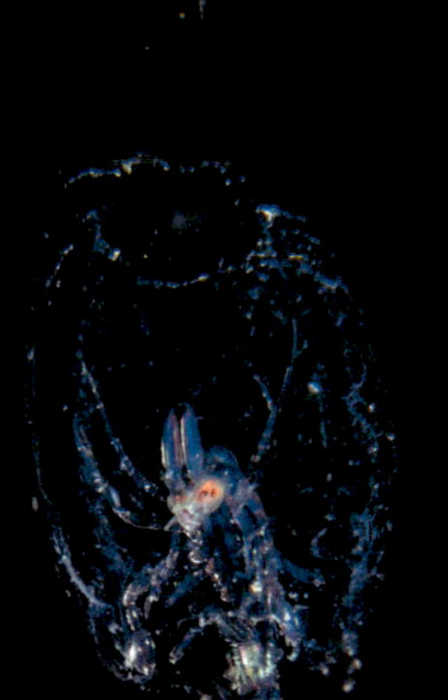

単独で樽に入る雄
体長20 mm、
青海島、5月、4 m

同じ樽に入る雌（左）と雄（右）
体長25 mm（雌）、15 mm（雄）、
青海島、5月、7 m（小川智之）

ハラナガタルマワシ

［ナガヒゲウミノミ上科タルマワシ科］

Phronima stebbingi

日本周辺に出現するタルマワシ類の中では最も小型の種である。第７胸節はそのすぐ後方の節（第１腹節）よりも短い。この特徴を持つタルマワシ類は本種のみである。サルパ類（p.130）などの浮遊性タリア類を利用して樽を作る。

体長６mm、南島、5月、7 m

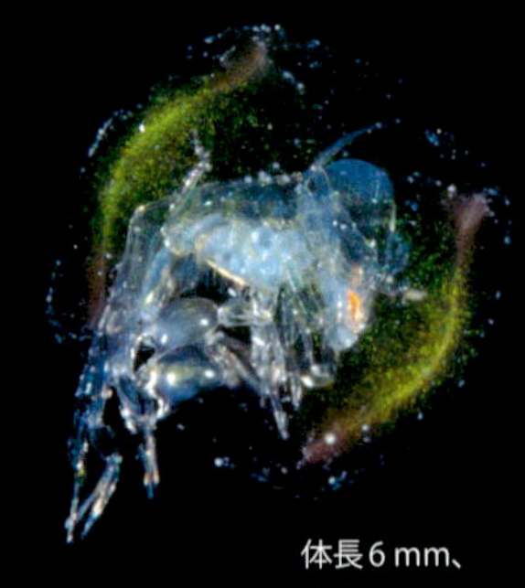

体長６mm、南島、5月、5 m

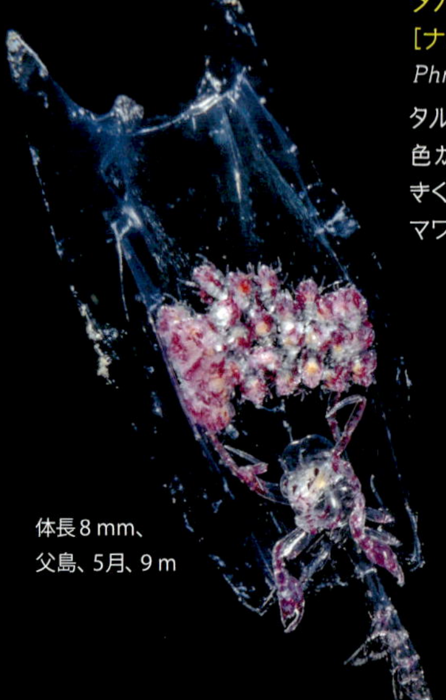

体長８mm、父島、5月、9 m

タルマワシ属の仲間

［ナガヒゲウミノミ上科タルマワシ科］

Phronima spp.

タルマワシ類は体表に色素胞を持つ。色素胞が拡大すると体全体に色が付いているように見え、収縮すると体は透明になる。色素胞が大きくなるほど体の色は濃く見える。褐色、黄色、桃色など様々なタルマワシ類がいるようだ。

体長25 mm、青海島、5月、6 m

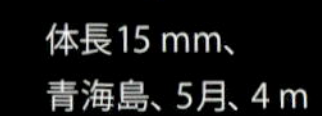

体長15 mm、青海島、5月、4 m

タルマワシモドキ

［ナガヒゲウミノミ上科タルマワシ科］

Phronimella elongata

体や付属肢はタルマワシ属に比べて細い。雌雄ともに第５胸肢は細いが、雄の第５胸肢は雌に比べて幅広い。遊泳時には、タルマワシ属の多くは体の後方部を、タルマワシモドキはほぼ全体を樽の外に出し、腹肢を高速に動かす。

体長20 mm、青海島、5月、2 m

ツノウミノミ

［ナガヒゲウミノミ上科マルオウミノミ科］

Phrosina semilunata

体はやや淡紅色である場合が多く、頭部左右に2つの小突起を持つ。第5、6胸肢は大きく発達する。雌には頭部触角がない。雄は左右1対の長大な頭部触角を持つ。

体長8 mm、父島、5月、14 m

ナガヒゲウミノミ上科の1種

Phronimoidea

ある種のクラゲノミ類が大勢で1個体のクラゲ類やクシクラゲ類を占拠することは、稀ではない。本種はクラゲノミ科またはクラゲノミモドキ科の1種であると考えられる。

体長2.0-2.5 mm、青海島、4月、6 m

子沢山のタルマワシ

タルマワシ類は、サルパ類や管クラゲ類の中身を食べ、外壁を残して樽形のすみ家を作る。その樽の中で雌は子育てをするのだ。タルマワシ類が含まれる端脚類の雌は、胸部に育房と呼ばれる子育てのための袋を持つ。幼体を親とほぼ同じ外見になるまで育房内で保護する種が多いのだが、一部の種では発育の早い段階で幼体を産出し、雌が体外で保育する。タルマワシ類も、未熟な幼体を樽の中に産み、わが子に無償の愛を注ぐのだ。1回に産む幼体の数は種によって違う。オオタルマワシやアシナガタルマワシでは100以上もあるのに対し、タンソクタルマワシやタルマワシモドキでは10ないし30ほどである。1つの樽内で一緒に成長する幼体の発育段階はほぼ同じなので、同時期に生まれた兄妹であることがわかる。わが子らが皆旅立つ日まで、雌は樽を守り続ける。（若林香織）

体長15 mm、父島、5月、4 m

体長10 mm、青海島、5月、6 m

チョウクラゲの体表で子育てをする
オオトガリズキンウミノミ
体長25 mm、青海島、4月、3 m

オオトガリズキンウミノミ
[オリタタミヒゲ上科トガリズキンウミノミ科]
Oxycephalus clausi

頭部額角は長く尖る。体長20㎜以上の大型個体では、背側から見ると額角先端が丸みを帯びる。第1-3腹節側板に2本の棘があり、棘と棘の間は深く湾入する。近縁種のアワセトガリズキン（*O. piscator*）は1本の棘を持ち、クシバズキン（*O. latirostris*）には棘がない。オオトガリズキンウミノミはクラゲ類やクシクラゲ類の様々な種に取り付くが、チョウクラゲ類（p.50）の袖状突起の内側でだけ幼体を保育することが知られている。

ヘンゲクラゲに乗る
オオトガリズキンウミノミ
体長25 mm、青海島、5月、3 m

フクロズキンウミノミ
[オリタタミヒゲ上科
トガリズキンウミノミ科]
Glossocephalus milneedwardsi

頭部がこぶし状で短く、額角は丸い。写真のように、ツノクラゲ（*Leucothea japonica*）などのクシクラゲ類に数本の胸肢の先端を引っかけるようにして取り付くことが多い。

体長20 mm、青海島、10月、3 m

ハリナガズキン属の仲間
［オリタタミヒゲ上科トガリズキンウミノミ科］
Rhabdosoma spp.

体は極端に細長く、尾肢が長く伸びる。本属には4種が知られるが、このうち3種が日本周辺に生息する。種の同定は第1胸肢および第2、3尾肢の形態に基づいて行われる。

体長50 mm、大瀬崎、12月、6 m

体長60 mm、父島、5月、11 m

トガリズキンウミノミ科の1種
［オリタタミヒゲ上科］
Oxycephalidae gen. et sp.

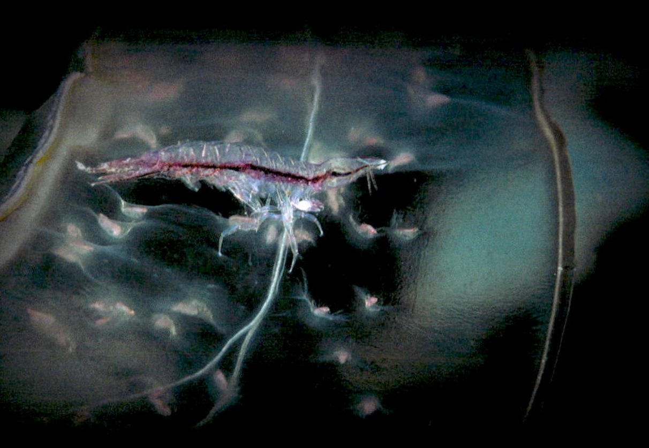

腹節側板の形態はアワセトガリズキンに似るが、正確には尾節や付属肢の形態観察が必要である。写真の個体はオビクラゲの体表を利用して子育てをしているようだが、このような保育習性はオオトガリズキンウミノミの他ではまだ記録されていない。

体長25 mm、父島、5月、10 m

ミズクラゲに付く様子
体長3 mm、青海島、5月、6 m

マサコカメガイに付く様子
体長3 mm、青海島、4月、3 m（齋藤勇一）

オリタタミヒゲ上科の仲間
Platysceloidea

オリタタミヒゲ上科にはトガリズキンウミノミ科の種のような大型のクラゲノミ類の他に、ノコバウミノミ科やカミソリウミノミ科などの小型のクラゲノミ類も含まれる。これらの同定には顕微鏡を使って付属肢の形態を観察する必要がある。クラゲ類だけではなく様々なゼラチン質動物プランクトンに取り付くようだ。

単独での浮遊
体長5 mm、大瀬崎、2月、6 m

その他の無脊椎動物

前ページまでに収録されなかった浮遊性無脊椎動物、または底生無脊椎動物の浮遊幼生を紹介する。水中では、刺胞動物からヒトが含まれる脊索動物まで、様々な浮遊生物を観察できる。

ハナギンチャク亜綱の仲間

[刺胞動物門花虫綱]

Ceriantharia

ハナギンチャク類は球形ないし円柱形の体と複数の触手を持つ浮遊幼生期を経過する。発育初期はケリヌラと呼ばれ、4本の触手を持つ。触手の数は発育に伴って増加する。浮遊幼生しか知られておらず、その成体が判明していない種もある。アラクナクティス科の一部の種では浮遊個体に成熟した生殖巣が認められることから、完全に浮遊生活に移行した種の存在も示唆されている。

体長5 mm、父島、10月、12 m

体長3 mm、青海島、5月、4 m

体長4 mm、青海島、5月、5 m

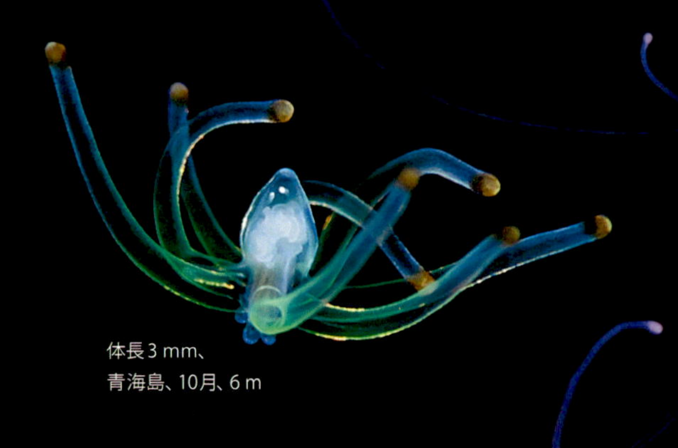

体長3 mm、青海島、10月、6 m

体長5 mm、兄島、5月、7 m

スナギンチャク目の1種
[刺胞動物門花虫綱六放サンゴ亜綱]
Zoantharia

ゾアンテラ。スナギンチャク類には形の異なる2つのタイプの幼生が知られている。ゾアンテラは、写真のように腹側に1本の繊毛列を持つ幼生である。一方、体前部の周囲を取り巻く繊毛環を持つ幼生をゾアンチナと呼ぶ。

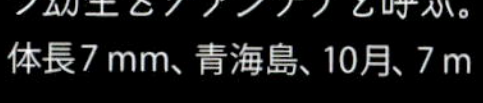

体長7 mm、青海島、10月、7 m

フォロニス科の1種 [箒虫動物門]
Phoronidae gen. et sp.

アクチノトロカ。体の前方を取り巻く指状の突起は幼生触手で、触手の周囲にある繊毛を動かして遊泳する。幼生触手の数は発育にともなって増える。日本ではフォロニス属(*Phoronis*)だけが知られ、ヒメホウキムシ(*P. ijimai*)では成体が初期胚を触手冠の一部で、ホウキムシ(*P. australis*)では粘液糸上で保護したのち、幼生を海中に放出する。
体長2 mm、青海島、3月、3 m (中島賢友)

群生するヒメホウキムシの成体
地表から出ている部分の高さ6 mm、須江、2月、水深10 m

ユウカラヌス科の仲間

［節足動物門甲殻亜門顎脚綱
カイアシ亜綱カラヌス目］

Eucalanidae genn. et spp.

前体部は細長く、先端が三角状になる場合が多い。左右の尾肢には数本の刺毛があり、そのうちの1本が伸長する。多くの種は卵を海中に産み落とすが、雌が後体部に卵嚢を持つ場合もある。右下の個体には繊毛虫類が取り付いている。沿岸域のカイアシ類にはしばしば見られるようである。

体長4 mm、父島、5月、13 m

体長3 mm、青海島、2月、2 m
（小倉直子）

体長4 mm、父島、5月、6 m

カラヌス目の仲間

［節足動物門甲殻亜門顎脚綱
カイアシ亜綱］

Calanoida

体の前方と後方が明瞭に分かれる。多くが浮遊性で、様々な水域に出現する。ダイビングではユウカラヌス科やカラヌス科などの大型種が観察されやすい。

体長4 mm、大瀬崎、3月、8 m

体長3 mm、
青海島、4月、7 m

体長3 mm、
青海島、5月、6 m

サフィリナ属の仲間

[節足動物門甲殻亜門顎脚綱
カイアシ亜綱ポエキロストム目
サフィリナ科]

Sapphirina spp.

左は成体雄。背側の細胞内にグアニンの結晶が蜂の巣状に配列し、体の角度によって光沢を放つ瞬間や、透明になる瞬間がある。下は成体雌で、体の左右後方に突き出た黄色い卵嚢には発育中の胚（はい）が詰まっている。雌はグアニン結晶を持たない。サルパ類やウミタル類（p.130）に寄生する種や、宿主を捕食しながら成長する捕食寄生の生活を送る種が知られている。

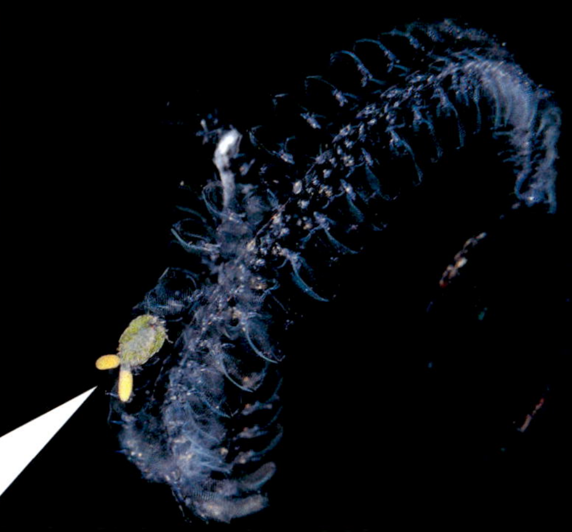

ウミタル類ナースの背芽茎に
取り付くサフィリナ類の成体雌
体長2 mm、青海島、5月、5 m

後悔しないために

浮遊生物の撮影では、ほとんどの被写体が透明で小さい。被写体を見つけても、カメラの設定を確認するために目を離した瞬間、被写体を見失うこともしばしばである。小さな生き物の撮影では、被写界深度（ピントが合う範囲）がわずか数mmしかなく、撮影中はファインダーから被写体を外せない。ピントと構図に集中するあまり、被写体のわずかな違いに気がつかないことも多い。撮影を終えて画像をパソコンで確認したとき、「あれ？正面顔だと思っていたら、後ろ向きだった」「何か面白いものが寄生しているぞ」など、撮影中には想像もしていなかった事実がわかることもある。生涯二度と会うことがない被写体も多い浮遊生物。後悔しないためにも、いろいろな角度から撮影しておきたい。

それでも私はいつも思う。「もう少し撮っておけばよかった、と……」。（阿部秀樹）

エボシガイ亜目の1種

［節足動物門甲殻亜門顎脚綱蔓脚下綱］

Lepadomorpha

ノープリウス。頭部両側の角は長く、胴部には極端に長い棘がある。尾節から出る1対の尾叉も非常に長く、体長の3-10倍になる。ミョウガガイ目の仲間にも体長の2倍程度に伸びる尾叉を持つ種がある。

体長2 mm、父島、5月、1 m

アミ科の1種❶

［節足動物門甲殻亜門軟甲綱アミ目］

Mysidae gen. et sp. 1

胸脚の構造は一様で、胸部の後方にある体節が頭胸甲に覆われず露出する。尾肢内肢の基部に平衡胞と呼ばれる球状の平衡器官がある。日中は海底付近で生活し夜間に海中を泳ぎ回る種が多い。写真は脱皮の様子を連続で捉えたもの。上の写真から時計回りに脱皮が進んでいる。

体長15 mm、青海島、5月、7 m

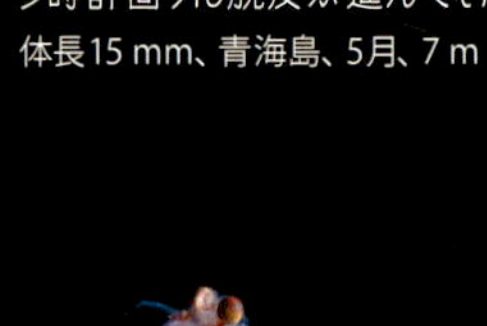

アミ科の1種❷

［節足動物門甲殻亜門軟甲綱アミ目］

Mysidae gen. et sp. 2

体の中央付近に見える白い袋状の器官は育房である。アミ類の成体雌は育房内に卵を産み、成体雄との交尾を経て卵を受精させる。幼生は付属肢が成体とほぼ同様に生え揃うまで育房内で発育し、母体の脱皮と同時に海中へと泳ぎ出る。

体長25 mm、父島、3月、10 m

ヒメベニアミ属の仲間

［節足動物門甲殻亜門軟甲綱ロフォガスター目］

Lophogaster spp.

ロフォガスター類はかつてアミ目の一員であったが、現在は独立した目を構成する。腹肢がよく発達し、尾肢内肢に平衡胞はない。ヒメベニアミ属の額棘は短く、顕著に伸長するオオベニアミ属と区別できる。

体長12 mm、青海島、10月、7 m

体長12 mm、青海島、10月、7 m

体長12 mm、青海島、10月、7 m

体長15 mm、大瀬崎、12月、6 m

スガメソコエビ科の1種

［節足動物門甲殻亜門軟甲綱端脚目］

Ampeliscidae gen. et sp.

本科のヨコエビ類は頭部がやや長く、多くの種は写真の個体のように2対の眼を持つ。ヨコエビ類を日中のダイビングで見つけるのは難しいが、ナイトダイビングではライトカバーを覆い尽くすほど集まることがある。

体長6 mm、大瀬崎、2月、5 m

ハリダシクーマ属の1種

［節足動物門甲殻亜門軟甲綱クーマ目］

Eocuma sp.

クーマ類は普段は砂泥底に潜って生活するが、成熟個体は夜間に海表近くを群泳し交尾することが知られている。アミ類やヨコエビ類と同様に、雌は育房で子育てする。ハリダシクーマ属は頭甲の両側縁に角状の突起を持つ。

体長15 mm、周防大島、10月、9 m（中村宏治）

オキアミ科の1種

［節足動物門甲殻亜門軟甲綱オキアミ目］

Euphausiidae gen. et sp.

胸脚の基部に樹状の鰓が裸出する。写真の個体のように胸脚がほとんど発達しない種もある。腹肢は発達し、遊泳に使われる。腹部側面には大きな発光器がある。尾肢内肢に平衡胞はなく、尾節末端に1対の棘がある。

体長10 mm、大瀬崎、3月、9 m

体長7 mm、青海島、10月、7 m

体長6 mm、青海島、6月、5 m（齋藤勇一）

ウミグモ目の仲間

［節足動物門鋏角亜門ウミグモ綱］

Pantopoda

ウミグモ類は、大部分の海産節足動物が含まれる甲殻亜門ではなく、カブトガニ類や陸生のクモ類などとともに鋏角亜門の一員である。各付属肢の節数や形などを用いて分類できる。クラゲ類（p.38）に取り付いて生活する種も知られている。

ウミフクロウ科の1種

［軟体動物門腹足綱側鰓目］

Pleurobranchaeidae gen. et sp.

外套膜が幼殻を包み、面盤は大きく広がって極端に迂曲する。この幼生は、撮影中に下の稚ウミフクロウへと変態した。短い頭膜と顕著な触角、尾先端の突起があることからツノウミフクロウ（*Pleurobranchaea brockii*）と判断できる。正確な種の判別にはベリジャー幼生の幼殻の形態などを調べなければならない。

ベリジャー
体長3mm、
父島、5月、4m

変態直後の個体
体長3mm、父島、5月、4m

ヘラガタヤムシ

［毛顎動物門ヤムシ綱ヘラガタヤムシ科］

Pterosagitta draco

筋肉が発達し、体はやや不透明。厚い泡状の組織が頸部から体後方までを覆う。尾節に1対の側鰭を持つ。本科にはヘラガタヤムシだけが知られているので、ここでは本種としたが、写真の個体は既報の最大体長（12㎜）の2倍の大きさである。

体長25 mm、父島、5月、11 m

体長20 mm、
父島、5月、5 m

オオヤムシ

［毛顎動物門ヤムシ綱ヤムシ科］

Flaccisagitta hexaptera

体は軟弱で透明。尾節の長さは体長の15-25％である。泡状組織はない。前後2対の側鰭を持ち、前鰭は後鰭に比べて明らかに小さい。同属のフクラヤムシ（*F. enflata*）では前鰭と後鰭がほぼ同長である。

体長20 mm、青海島、5月、4 m

ベドートヤムシ属の1種

［毛顎動物門ヤムシ綱ヤムシ科］

Zonosagitta sp.

体は硬くやや不透明。尾節の長さは体長の20-23％である。頸部に泡状組織があり、前後2対の側鰭を持つ。本属のうち、写真のように前鰭が後鰭より大きいのはエンガンヤムシ（*Z. nagae*）またはネッタイヤムシ（*Z. pulchra*）である。ベドートヤムシ（*Z. bedoti*）の両鰭はほぼ同長である。

体長25 mm、大瀬崎、10月、6 m

スナヒトデ属の1種

［棘皮動物門ヒトデ綱スナヒトデ科］

Luidia sp.

ビピンナリア。口前葉とビピンナリア腕がそれぞれ長く伸びる。通常、体に密生する繊毛を使って採餌・遊泳するが、口前葉をくねらせて泳ぐ場合もある。体の後方には成体原基が生じ、五腕のスナヒトデ（*L. quinaria*）などでは5本、多腕のヤツデスナヒトデ（*L. maculata*）などでは8–9本の小さな腕が形成される。

体長15 mm、青海島、5月、5 m

スナヒトデの成体

幅長23 cm、滑川、2月、水深20 m

ブンブク目の1種 ［棘皮動物門ウニ綱］

Spatangoida

エキノプルテウス。体から長く伸びる腕は炭酸カルシウムでできた骨に支えられる。一般的なウニ類のエキノプルテウスは左右4対の腕を持つが、本目の幼生には6対の腕と体の後端に1本の突起が形成される。

体長3 mm、父島、5月、1 m

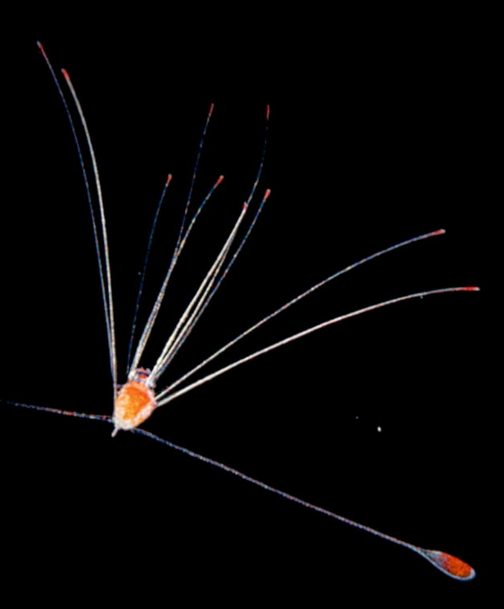

ヒラタブンブク（*Lovenia elongata*）の成体

体長5 cm、大瀬崎、8月、水深7 m

イカリナマコ科の1種［棘皮動物門ナマコ綱］

Synaptidae gen. et sp.

アウリクラリア。ナマコ類の一般的な浮遊幼生に比べて非常に大きいため「ジャイアント・アウリクラリア」の異名を持つ。この幼生に関する情報は少なく、日本では約80年前の記録が最新の学術的知見である。体の中央にある白い棒状の器官は消化管で、体全体に散在する白点はナマコ類特有の骨片である。

体長10 mm、青海島、5月、3 m

ギボシムシ科の仲間
［半索動物門ギボシムシ綱］

Ptychoderidae genn. et spp.

トルナリア。発育具合によってミュラー期、ハイダー期、メチニコフ期など、著名な生物学者の名前が付けられている。左の写真は最も成長したクローン期で、体表を迂曲する明瞭な繊毛帯がある。下は変態間近のアガシー期で、前方に黒い眼点が認められる。

体長8 mm、
青海島、
5月、5 m

体長5 mm、
南島、5月、6 m

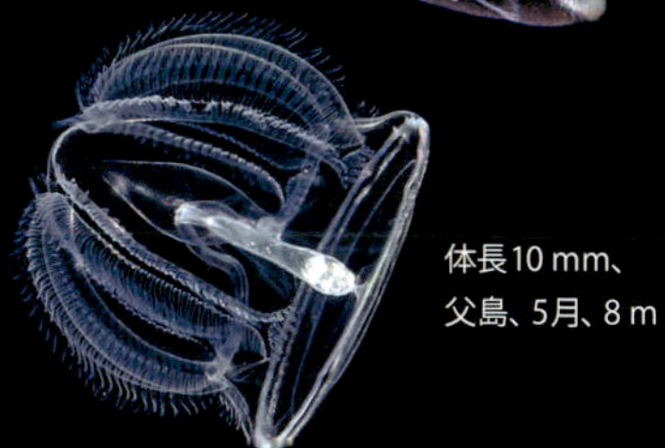

体長10 mm、
父島、5月、8 m

プランクトスファエラ　ペラジカ
［半索動物門ギボシムシ綱］

Planctosphaera pelagica

幼生。体表全体に広がる樹状の繊毛帯で採餌する。体の構造がトルナリアとよく似ていることからギボシムシ類の1種の幼生であると考えられている。しかし、本種の成体はまだ発見されていない。幼生は大西洋やハワイ諸島周辺から記録されているが、日本近海での記録はこれが初めてかもしれない。

体長15 mm、父島、5月、8 m

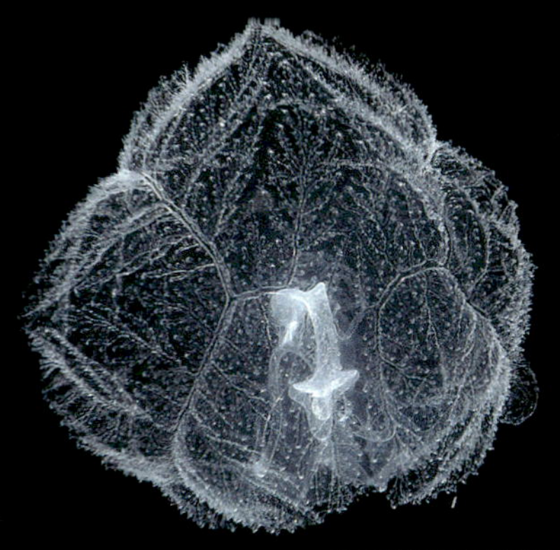

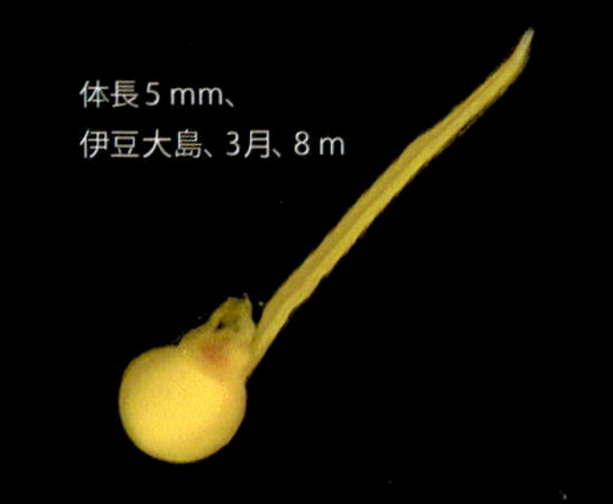

体長5 mm、
伊豆大島、3月、8 m

オタマボヤ科の仲間［脊索動物門尾虫綱］

Oikopleuridae genn. et spp.

オタマボヤ類の体は躯幹と尾部から成る。オタマボヤ科の躯幹は通常卵形で、各器官の配置や発達具合は種によって異なる。最も普通に見られるのはオイコプレウラ属（*Oikopleura*）で、日本周辺には10種以上が生息する。オイコプレウラ属はさらに、尾部に索下細胞を持つヴェクシルラリア亜属（*Vexillaria*）と索下細胞がないコエカリア亜属（*Coecaria*）に分かれる。

体長3 mm、青海島、2月、
3 m（齋藤勇一）

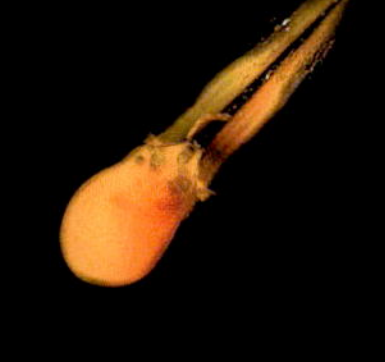

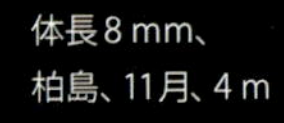

体長8 mm、
柏島、11月、4 m

体長3 mm、
青海島、4月、5 m

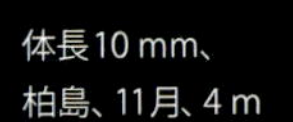

体長10 mm、
柏島、11月、4 m

オタマボヤ類のハウス

オタマボヤ類は体全体を包む「ハウス」を作る。ハウスはゼラチン質でできており、オタマボヤ科では漁網形、オナガオタマボヤ科ではドーナツ形のフィルターがハウス内部に作られる。オタマボヤ類は尾部を動かしてハウス内に新鮮な海水を送り、それとともに流入する粒子をフィルターでこし取って食べる。ハウスは1日に何回も作り替えられ、その都度廃棄される。日々大量に廃棄されたハウスが海底に向かって沈んでいくので、表層から深層へ有機物が運ばれることになる。また、廃棄ハウスは、沈んでいく途中で魚類などの餌にもなっており、海の生態系の中で重要な役割を担っている。
（若林香織）

体長8 mm、柏島、11月、4 m

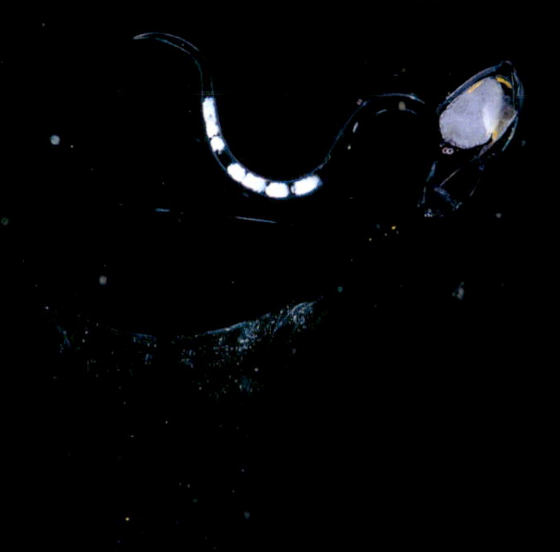

体長6 mm、柏島、11月、5 m

体長5 mm、大瀬崎、12月、6 m

直径25 mm、大瀬崎、12月、7 m

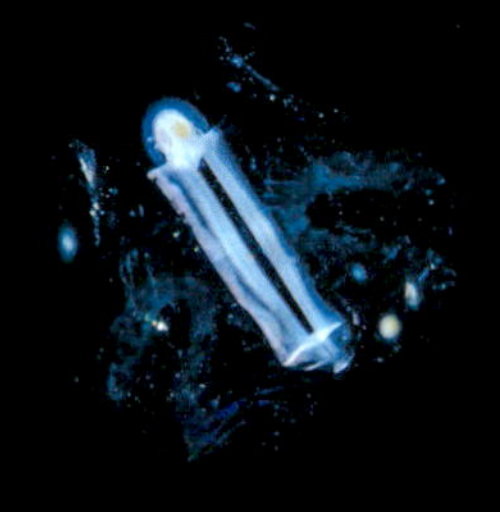

体長5 mm、柏島、11月、3 m

ナガヒカリボヤ［脊索動物門タリア綱ヒカリボヤ目］

Pyrostremma spinosum

群体は20mを超える長さにまで伸長し、刺激を受けると青緑色の光を発する分泌物を出す。小型の魚類やエビ類が本種の傍らで身を隠していることがある。

体長1.2 m、大瀬崎、11月、27 m

トガリサルパ

［脊索動物門タリア綱サルパ目］

Salpa fusiformis

単独個体と連鎖個体の2つの形態を有する。有性生殖によって受精卵から発育した単独個体は、成長すると体内の出芽部から連鎖個体を無性的に生産する。連鎖個体は雌雄同体で、体内に受精卵を生じる。1m以上に伸長し、濃密な集群が観察されることもある。

右上にオオトガリズキンウミノミが付いている単独個体

体長40 mm、青海島、5月、6 m

連鎖個体

各個虫の体長30 mm、
大瀬崎、3月、10 m

トリトンウミタル

［脊索動物門タリア綱ウミタル目］

Dolioletta gegenbauri var. *tritonis*

有性生殖個体。体を取り巻く8本の体壁筋がある。内部にある網状の鰓壁は前方から数えて3本目の体壁筋付近から始まる。本種と同様に日本周辺でよく見られるウミタル（*Doliolum denticulatum*）では2番目付近から始まる。

体長7 mm、青海島、5月、1 m

体長30 mm、青海島、5月、6 m

マキウミタル属の仲間

［脊索動物門タリア綱ウミタル目］

Dolioletta spp.

ナース。ウミタル類における無性生殖世代の1つである。ナースの体の後方に伸長する背芽茎では、有性生殖個体を無性的に生産する世代の個体（育体）が生産される。ナース自身の消化管は退化しているが、背芽茎の外側に生じる栄養個虫（食体）がナースの運動や育体の生産に必要なエネルギーを供給している。

体長10 mm、青海島、5月、2 m

仔魚と稚魚

仔魚は孵化してから鰭条が成魚と同数になるまでの段階。遊泳力はほとんどなく、体の一部または全体が透明である種が多い。稚魚は鰭条が出揃ってから成魚と同じ生活様式になるまでの段階で、形態や体色が仔魚とは異なる。

ニホンウナギ

[ウナギ目ウナギ科]

Anguilla japonica

シラスウナギとも呼ばれる稚魚。体表面積は仔魚の3分の1ほどである。背鰭は肛門よりも前方に始まる。背椎骨数は110を超える。やがて骨が強固となり体全体の比重も増大し、着底する。

全長60 mm、大瀬崎、3月、3 m

着底直後のニホンウナギの稚魚

全長70 mm、江の島、2月、水深2 m

ウツボ科の1種

[ウナギ目]

Muraenidae gen. et sp.

ウナギ類の仔魚は頭部が体に対して小さいので「華奢な頭」を意味するレプトケファルスと呼ばれる。また、体が葉っぱのように扁平であることから、葉形仔魚ともいう。ウツボ科のレプトケファルスは吻(ふん)と尾部が丸い。写真の個体は頭部から肛門までの間に90ほど、全部で140前後の筋節を持つ。

全長60 mm、大瀬崎、10月、1 m

ウミヘビ亜科の1種

［ウナギ目ウミヘビ科］

Ophichthinae gen. et sp.

ウミヘビ科のレプトケファルスの体高は小さく、吻はやや長い。消化管には3つ以上の膨出部がある。写真の個体は鋭く尖った吻と膨出部間が顕著に湾曲する消化管を持つ。これらはウミヘビ亜科の特徴に一致する。体表や消化管の膨出部に色素胞が見られる。

全長20 mm、青海島、10月、5 m（中島賢友）

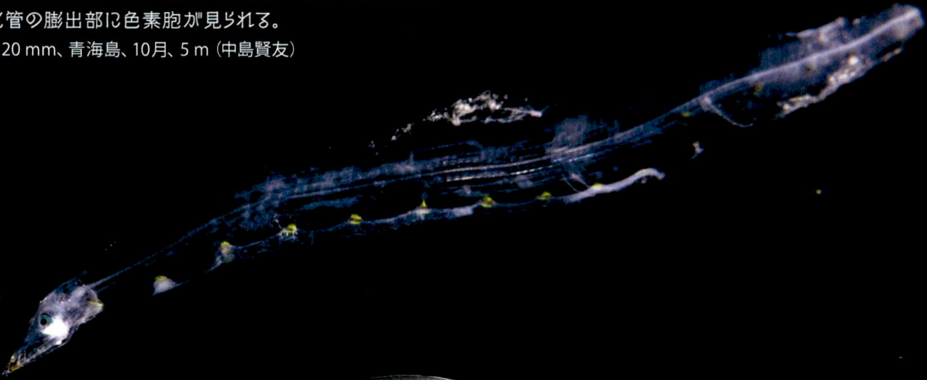

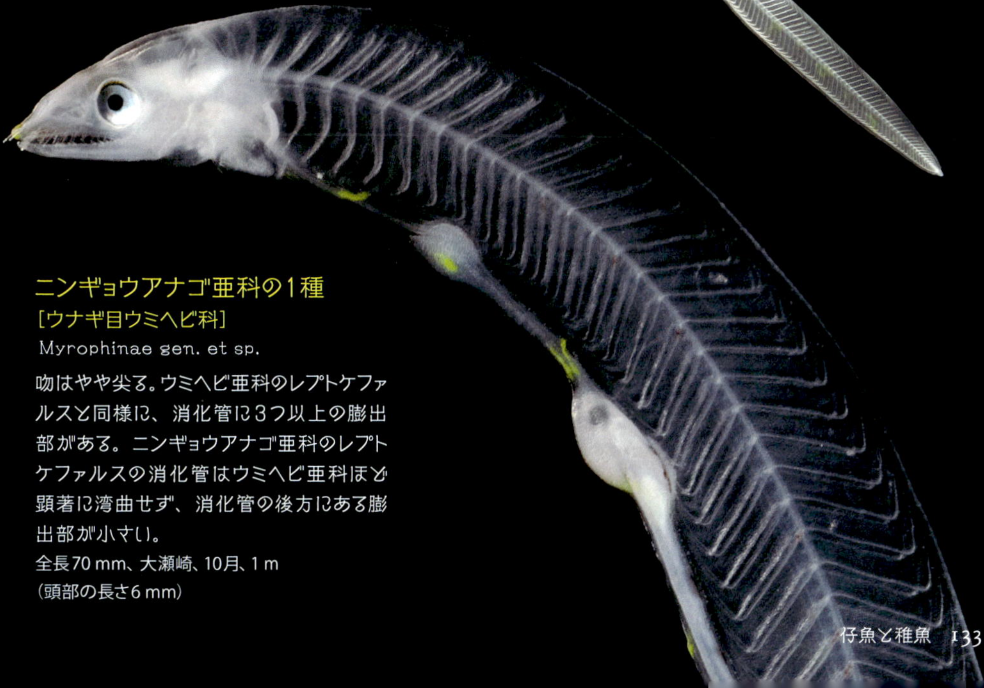

ニンギョウアナゴ亜科の1種

［ウナギ目ウミヘビ科］

Myrophinae gen. et sp.

吻はやや尖る。ウミヘビ亜科のレプトケファルスと同様に、消化管に3つ以上の膨出部がある。ニンギョウアナゴ亜科のレプトケファルスの消化管はウミヘビ亜科ほど顕著に湾曲せず、消化管の後方にある膨出部が小さい。

全長70 mm、大瀬崎、10月、1 m

（頭部の長さ6 mm）

クロアナゴ属の仲間
[ウナギ目アナゴ科]
Conger spp.

体高は小さい。頭部は短く、吻は丸い。眼の下に半月形の黒色素胞があり、消化管の側面または直上に黒色素胞列がある。全部で140ないし150の筋節を持つ。写真のレプトケファルスはクロアナゴ（*C. japonicus*）やマアナゴ（*C. myriaster*）であると考えられ、両者は体表にある色素胞の分布から判別できる。

全長130 mm、
大瀬崎、1月、6 m

全長110 mm、
大瀬崎、12月、5 m

全長110 mm、大瀬崎、12月、5 m

ギンアナゴ属の1種
[ウナギ目アナゴ科]
Gnathophis sp.

頭部は長く、やや丸みを帯び、吻は尖る。体表に色素はほとんどないが、消化管の側面に小さな黒色素胞の列がある。全長が80㎜を超えるレプトケファルスにおいて、ギンアナゴ（*G. heterognathos*）の体高は体長の12-13％ほどであるのに対し、ニセギンアナゴ（*G. ginanago*）では15％以上になる。
全長70 mm、大瀬崎、10月、1 m

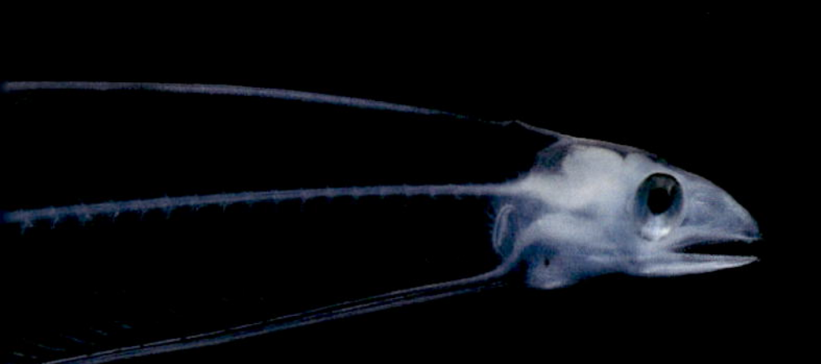

イトアナゴ属の1種
[ウナギ目クズアナゴ科]
Saurenchelys sp.

体は伸長し、体高は体長の10%以下。吻はやや尖り、消化管に2つの膨出部がある。頭部、体の側面、消化管の膨出部に大きな黒色素胞がある。
全長80 mm、大瀬崎、12月、1 m

レプトケファルスの意外な素顔

レプトケファルスに初めて出会ったのは高校時代。バケツに入ったレプトケファルスを、飽きることなくずっと眺めていた興奮と喜びは、今でも鮮明に心に残っている。

内湾から外海まで、船揚げ場のスロープにも出現する。これだけ頻繁に見ることができる浮遊性の仔稚魚類は、他にいないのではないだろうか。

よく見かけるレプトケファルスだが、いわゆる魚形の仔稚魚に比べると撮影が難しい。いかにも華奢な体つき、筋肉質ではなく動きも遅く見えるが、実際は泳ぎが速いトップスイマーである。普段は体をくねらせるようにして緩やかに浮遊しているが、非常時はまったくの別物だ。体をほぼ一直線にして、かなりのスピードで水面に向かって泳ぐ。こちらはピントを合わせながら右に左に追いかけるのに必死である。撮影難度が高い魚なのだ。

うまく撮影するコツは、まずはゆっくりと刺激を与えないように近づき、ダイビングガイドと連携して、被写体を驚かせないように進路を誘導してもらい、近づいてきたところでシャッターを切ることだ。しなやかな肢体を写真で表現できたときの喜びは、またひと味違ったものになる。(阿部秀樹)

全長90 mm、久米島、3月、7 m

全長110 mm、大瀬崎、1月、8 m

ヨコエソ

[ワニトカゲギス目ヨコエソ科]

Sigmops gracilis

頭部は胴部よりもやや高い。眼は楕円形で、大きい。胸鰭は小さく、その基部は腹側に寄る。背鰭の基底は短いのに対し、臀鰭の基底は体長のおよそ40%を占める。鰾（うきぶくろ）は大きく、肛門の前方にある。体表に色素胞はなく、体の腹側に発光器を持つ。

全長30 mm、伊豆大島、3月、6 m

ヤベウキエソ

[ワニトカゲギス目ギンハダカ科]

Vinciguerria nimbaria

眼の腹側後方に発光器があり、臀鰭の前端が背鰭の前後端の間に位置する。これらはウキエソ属の特徴である。本種には、下顎の前端にも1対の小さな発光器がある。

全長40 mm、八丈島、11月、8 m

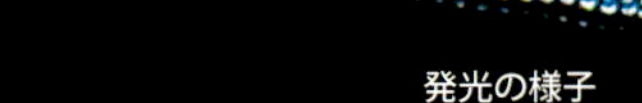

発光の様子

ウキエソ属の1種

[ワニトカゲギス目ギンハダカ科]

Vinciguerria sp.

体は細長い。仔魚初期の頭部はやや縦扁するが、変態期にやや側扁し、変態後の稚魚では完全に側扁する。全長が12㎜を超えるようになると、体の腹側に白色の発光器が形成され、変態とともに発光器は青くなる。

全長35 mm、大瀬崎、1月、6 m

トカゲハダカ科の1種
［ワニトカゲギス目］

Astronesthidae gen. et sp.

頭部は小さく平たい。口は大きく、上顎はへら状になる。外腸を持ち、ときに長大になる。背鰭は臀鰭よりも著しく前方に位置する。背鰭の後方に脂鰭があり、よく発達する。

全長30 mm、兄島、5月、10 m

外腸ってなに？

「なんじゃ、こりゃ!?」 レギュレーターを銜（くわ）えたまま、思わずこう叫んでしまいそうな姿の仔魚がいる。外腸を持つ仔魚だ。腸などの消化管は体内にあるのが普通だが、外腸は体の外側へ出ている。どうしてこんなことになったのか。

外腸は、異常な状態ではない。いくつかの種の正常な発育過程で見られる現象である。外腸は通常の腸より表面積が大きく、効率的に消化・吸収できると考えられている。さらに、体表の面積も大きくなるので体の浮遊状態を維持することにも役立つようだ。

外腸には脱腸型と非脱腸型がある。脱腸型は腸そのものが体外へ突出してむき出しになる。例えば、ワニトカゲギス類には脱腸型の長い外腸を持つ仔魚が知られる（p.137-138）。一方、非脱腸型では、腸が伸長するために腹部が突出する。腸はむき出しにならず、突出した腹部の先端に色素胞やリボンのような装飾が発達することがある。カクレウオ類（p.145）やウシノシタ類（p.163）の仔魚が非脱腸型の外腸を持つ。（若林香織）

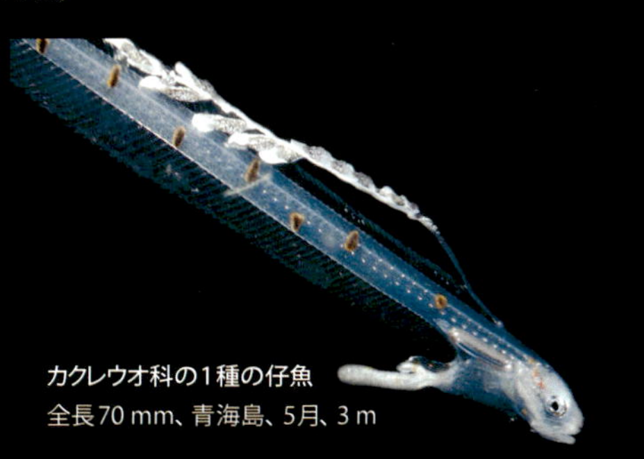

カクレウオ科の1種の仔魚
全長70 mm、青海島、5月、3 m

ホテイエソ科の1種

［ワニトカゲギス目］

Melanostomiidae gen. et sp.

体は側扁する。消化管は太く、後方で外腸になる。背鰭は体の著しく後方に位置し、腹側にある臀鰭と対座する。成魚とは形態が大きく異なり、仔魚後期に急激に変態する。

全長35 mm、父島、5月、3 m

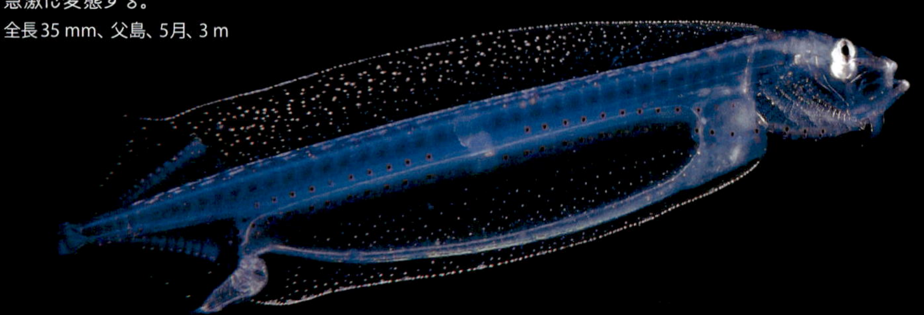

シャチブリ科の1種

［シャチブリ目］

Astronesthidae gen. et sp.

眼は突出し、頭部の長さと幅はほぼ等しい。腹鰭は小さく、頭部のすぐ後方にある。背鰭と胸鰭の鰭条は長く伸びる。体は細長く、腹側に橙色の斑紋が並ぶ。写真のような仔魚期の記録はほとんどなく、貴重である。

全長40 mm、真栄田岬、6月、7 m（小山麗子）

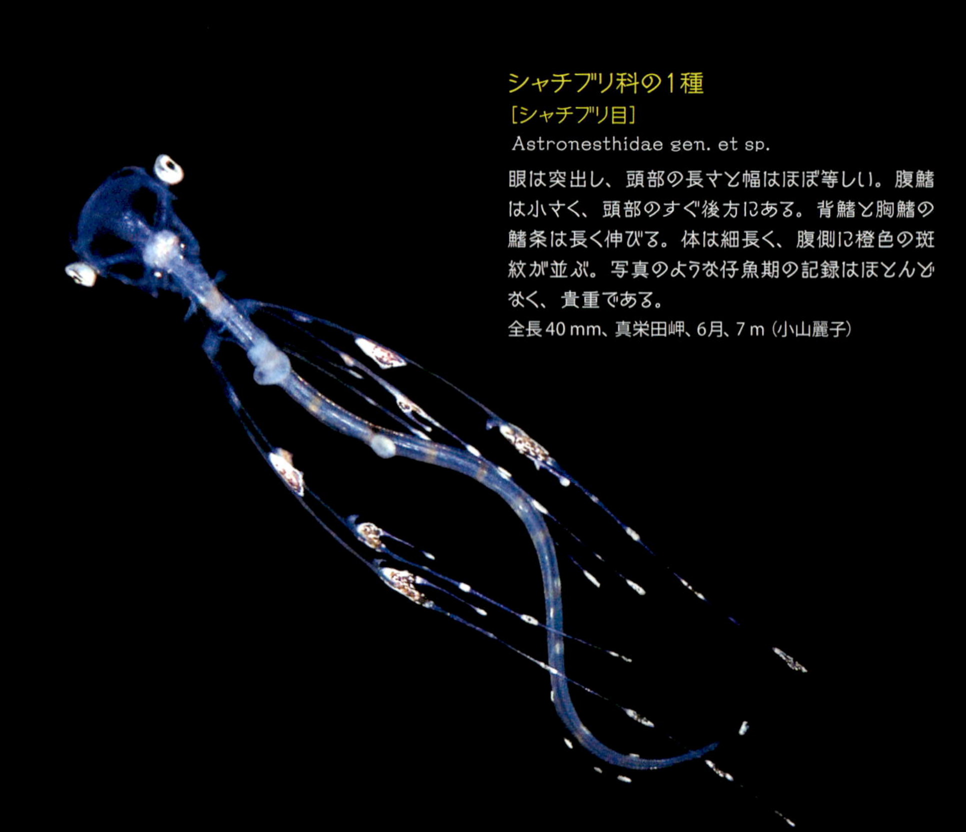

マエソ属の1種

［ヒメ目エソ科］

Saurida sp.

エソ科の多くの仔魚は体が棒状に伸長する。吻は短く、腹部には6個以上の色素斑がある。マエソ属の仔魚は7個の色素斑を持つ。前方から数えて3個目の色素斑より前に腹鰭の起点がある。肛門直前の膜鰭はない。

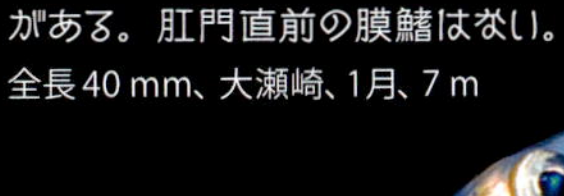

全長40 mm、大瀬崎、1月、7 m

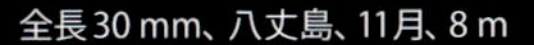

全長30 mm、八丈島、11月、8 m

アカエソ属の仲間

［ヒメ目エソ科］

Synodus spp.

マエソ属と同様に、前方から3個目の色素斑の直前に腹鰭の起点がある。肛門の前に膜状の鰭があり、これは稚魚になる前に消失する。体の腹側には8個以上の色素斑があり、ホシノエソ（*S. hoshinonis*）では8個、スナエソ（*S.fuscus*）やミナミアカエソ（*S. dermatohenys*）では10個以上になる。

全長30 mm、大瀬崎、2月、7 m

オキエソ

［ヒメ目エソ科オキエソ属］

Trachinocephalus myops

腹部に6個の大きな色素斑がある。尾部末端には小さな色素胞が集合し、尾鰭上まで拡散する。臀鰭の基部後方にある色素胞は、仔魚初期においてより明瞭である。体は透明ないしやや白いが、照明の角度によって構造色が見える場合がある。

全長20 mm、大瀬崎、9月、7 m

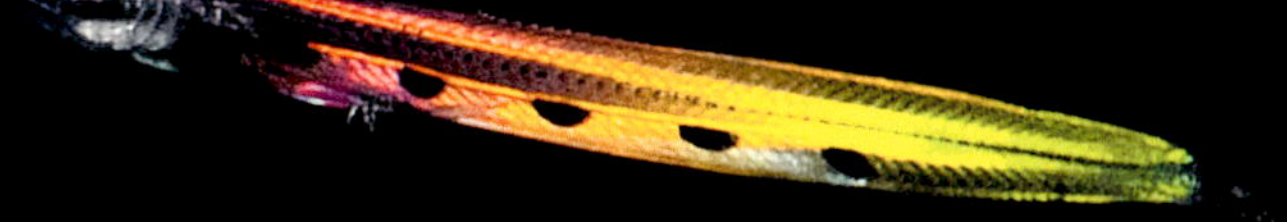

全長25 mm、大瀬崎、9月、3 m

イトヒキイワシ属の1種

［ヒメ目チョウチンハダカ科］

Bathypterois sp.

各鰭は大きく発達し、胸鰭の伸長が特に著しい。肛門は臀鰭の直前にある。臀鰭の起点は背鰭の終点よりも前方に位置する。尾鰭の基部の位置は腹側と背側で異なり、段差がある。

全長30 mm、父島、5月、3 m

ヒカリエソ

［ヒメ目ハダカエソ科］

Arctozenus risso

吻は鋭く尖る。消化管は発育に伴って伸長し、肛門が急速に後進する。全長35㎜ほどの仔魚には、腹側に8個の色素斑がある。変態が近い仔魚の全長は80㎜を超え、脂鰭を持ち、尾部に色素が沈着する。

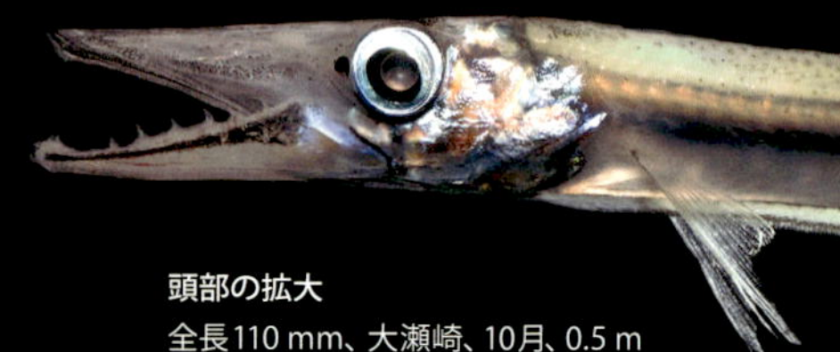

頭部の拡大

全長110 mm、大瀬崎、10月、0.5 m

（頭部の長さ19 mm）

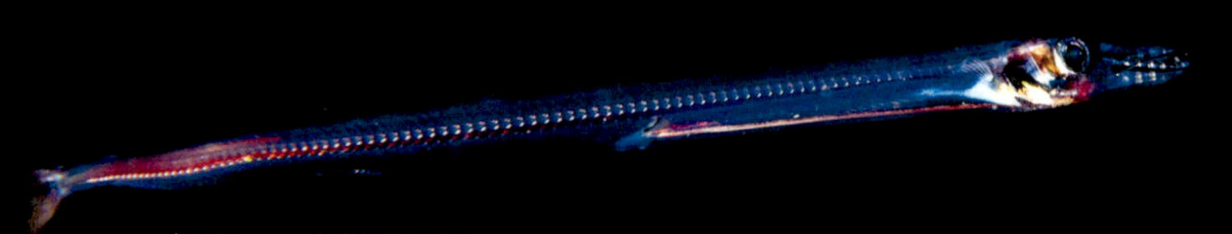

全長90 mm、大瀬崎、9月、7 m

クロナメハダカ属の仲間

［ヒメ目ハダカエソ科］

Lestidiops spp.

体は棒状に伸長する。腹側に複数の色素斑がある。最も前方のものを除き、ほぼ同じ大きさの色素斑が並ぶ。肛門直後にある色素胞列や背側の色素斑の有無などが種の同定に利用される。

全長35 mm、大瀬崎、2月、4 m

全長30 mm、八丈島、11月、7 m

スズキハダカ属の1種
［ハダカイワシ目ハダカイワシ科］

Myctophum sp.

体は紡錘形で、体高は大きい。仔魚初期の吻は鋭く尖るが、発育に伴って丸みを帯び、仔魚後期では丸くなる。頭部を中心に黒色素胞が散在する。全長12㎜ほどになると、腹側に発光器のある鱗が発達する。写真はアラハダカ（*M. asperum*）の仔魚に似る。

全長11 mm、大瀬崎、12月、10 m
（堀口和重）

ハダカイワシ科の仲間
［ハダカイワシ目］

Myctophidae genn. et spp.

ハダカイワシ類は体の側面や腹面に発光器を持つ。弱い光を出して体の輪郭を消し、下から見上げる捕食者に察知されなくしているらしい。発光器の配列は種によって異なるので、仲間との交信にも役立つと考えられている。

全長45 mm、伊豆大島、8月、7 m

発光を撮る

「発光生物」、魅惑的な言葉である。海の中、特に深海は発光生物の宝庫である。500 m以深に棲む浮遊性の魚類や甲殻類の多くが発光することが知られている。ナイトダイビングでは水中ライトをつけるため、彼らが発する微量の光になかなか気がつかない。撮影を終えて被写体からライトを外した瞬間、ふわっと青白く光って泳ぎ去る姿を目にすることが多い。ホタルイカモドキ（p.72）もハダカイワシ類も、一瞬ライトを消して撮影したものだ。（阿部秀樹）

ハダカイワシ科の1種

眼の下の発光器が青白く光って見える。水中でこの発光を確認したのは過去にこの1回だけだ。

全長60 mm、大瀬崎、3月、1 m

フリソデウオ

［アカマンボウ目フリソデウオ科］

Desmodema polystictum

背鰭と腹鰭に伸長鰭条を持つ。これらは発育に伴い退縮するのだが、腹鰭の退縮が最も遅く、全長150㎜を超えても長いままである。成魚になる頃にはほとんど見えなくなる。

全長55 mm、大瀬崎、10月、水面直下

ユキフリソデウオ

［アカマンボウ目フリソデウオ科］

Zu cristatus

体の後方は細く、腹部が膨出しているように見える。背鰭の前方と腹鰭は仔魚期に伸長し始め、稚魚期に入ってさらに伸長し、最長の鰭条は全長を超える。尾鰭は小さく、1本の鰭条が長く伸びる。体表には大小の色素横帯がある。

全長50 mm、兄島、5月、8 m

サケガシラ（*T. ishikawae*）の成体

全長3 m、青海島、6月、1 m（齋藤勇一）

サケガシラ属の1種

［アカマンボウ目フリソデウオ科］

Trachipterus sp.

フリソデウオ科に典型的な大きな眼、下顎後方の突出、背鰭および腹鰭の伸長鰭条などの特徴を持つ。尾鰭が発達し、多数の鰭条が長く伸びる。体の背側全体に大小の斑紋がある。

全長50 mm、大瀬崎、10月、11 m

フリソデウオ科の1種

［アカマンボウ目］

Trachipteridae gen. et sp.

フリソデウオ科の仔魚は種間で類似するが、発育に伴う変化は著しい。背鰭前方と腹鰭の鰭条が伸長し、その途中や先端が膨出して黒色素胞が出現する。全長が15㎜を超えると背鰭が発達し始め、波のようにうねらせて泳ぐようになる。

全長12 mm、南島、5月、10 m

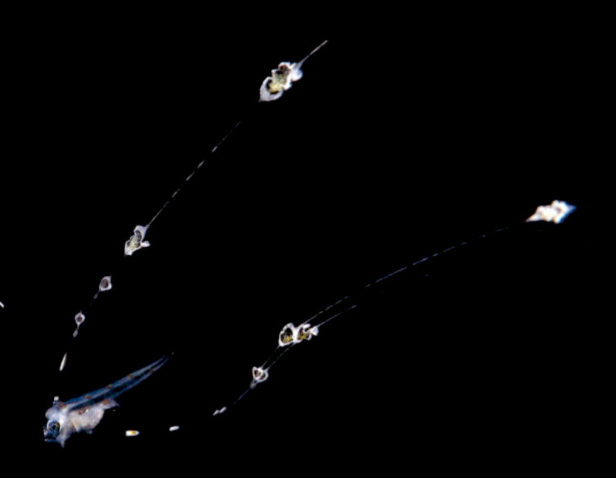

リュウグウノツカイ

［アカマンボウ目リュウグウノツカイ科］

Regalecus russelii

背鰭前端の6本の鰭条が著しく伸長する。腹鰭は1条だけから成り、やはり著しく伸びる。体表には黒色の色素斑が散在する。遊泳時は頭部を水面側へ向けている場合が多い。仔魚は全長15㎜程度で、成魚は全長5mを超える。

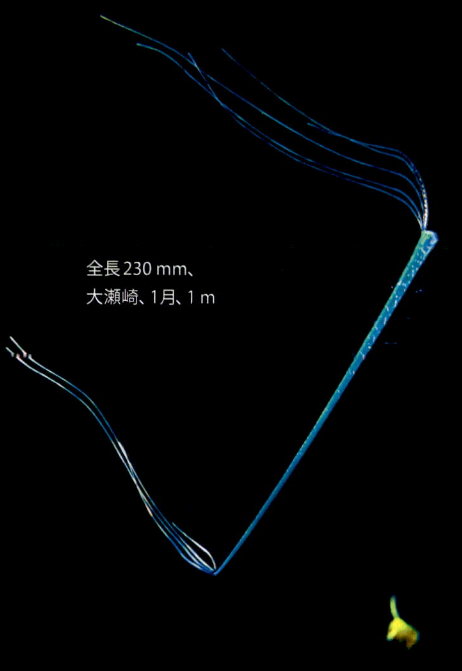

全長230 mm、大瀬崎、1月、1 m

全長1.2 m、青海島、5月、8 m

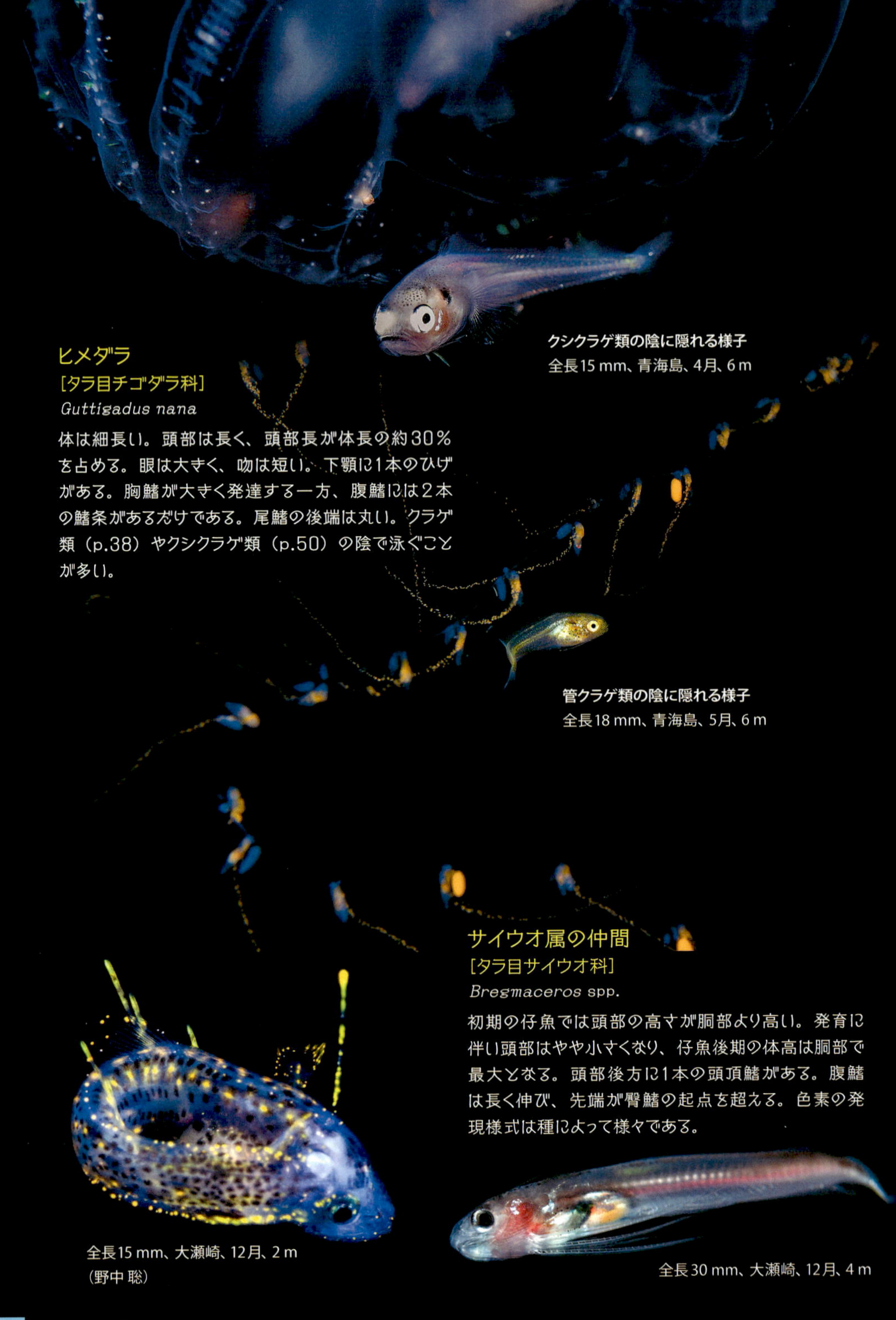

ヒメダラ
[タラ目チゴダラ科]
Guttigadus nana

体は細長い。頭部は長く、頭部長が体長の約30％を占める。眼は大きく、吻は短い。下顎に1本のひげがある。胸鰭が大きく発達する一方、腹鰭には2本の鰭条があるだけである。尾鰭の後端は丸い。クラゲ類（p.38）やクシクラゲ類（p.50）の陰で泳ぐことが多い。

クシクラゲ類の陰に隠れる様子
全長15 mm、青海島、4月、6 m

管クラゲ類の陰に隠れる様子
全長18 mm、青海島、5月、6 m

サイウオ属の仲間
[タラ目サイウオ科]
Bregmaceros spp.

初期の仔魚では頭部の高さが胴部より高い。発育に伴い頭部はやや小さくなり、仔魚後期の体高は胴部で最大となる。頭部後方に1本の頭頂鰭がある。腹鰭は長く伸び、先端が臀鰭の起点を超える。色素の発現様式は種によって様々である。

全長15 mm、大瀬崎、12月、2 m
（野中 聡）

全長30 mm、大瀬崎、12月、4 m

ソコボウズ

［アシロ目アシロ科］

Spectrunculus glandis

稚魚の体高は大きく、成魚の形に近い。アシロ科の仔稚魚には伸長した消化管を持つ種が多い。外腸を形成する種もあるが、本種のように長い腸を湾曲して腹腔内に収容するものもある。

全長60 mm、大瀬崎、3月、5 m

カクレウオ科の1種

［アシロ目］

Carapidae gen. et sp.

背鰭前方に1本の伸長鰭条が発達する。これが旗のように見えることから、仔魚はベクシリファー（ページ下のコラム参照）とも呼ばれる。ソコカクレウオ属（*Eurypleuron*）やクマノカクレウオ属（*Echiodon*）の仔魚は外腸を形成することが知られている。浮遊期を終えて底生期に移行すると、体は退縮し、背鰭の伸長鰭条は脱落する。

全長60 mm、青海島、5月、4 m

カクレウオ類だけが持つ高性能鰭条

カクレウオ科の仔魚が持つ背鰭の伸長鰭条を特にベクシラムと呼ぶ。「軍旗」の意味らしいが、鰭条に付いているたくさんの装飾がそれを想像させたのだろう。この装飾は捕食者の目を欺くのに最適だ。写真のベクシラムと左ページの管クラゲ類の群体を見比べてほしい。よく似ていることがわかる。軍旗を振りかざして進めば、行く手を塞ぐ者はいないのかもしれない。

ベクシラムの機能はそれだけではない。他の種の仔魚が持つ伸長鰭条と同様に、抵抗を増して沈降を遅くしたり、体を大きく見せて相手を威嚇したりしていると考えられる。さらに、ベクシラムの内部には血管系や神経系も通っている。感覚器官としての機能もあるようだ。獲物の匂いか、敵の気配か。ベクシラムを使って何かを感じ取っているのは、間違いなさそうだ。（若林香織）

カクレウオ科の1種の仔魚

全長60 mm、青海島、4月、1 m

キアンコウ

［アンコウ目アンコウ科］

Lophius litulon

仔魚は頭部に多数の黒色素胞を持ち、体には3本の色素横帯がある。稚魚期にはそれぞれの鰭が大きく発達し、前方背鰭条と腹鰭条が伸長する。鰭を滑らかに動かすその姿は、一瞬クラゲ類の傘や触手と見間違うほどである。稚魚初期の体は黄色く、発育が進むと黒味を増す。

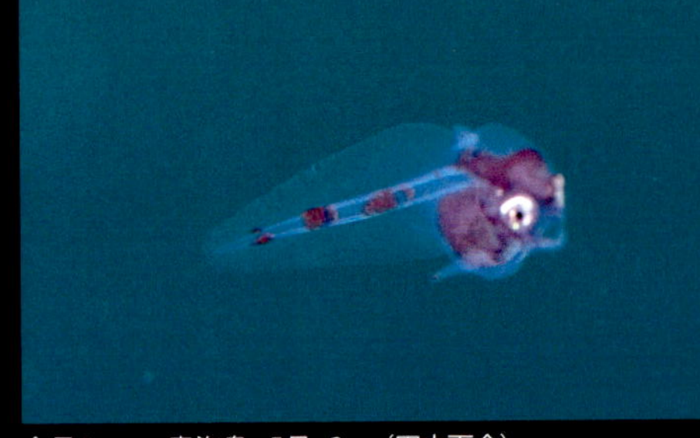

全長5 mm、青海島、5月、2 m（田中百合）

全長15 mm、
青海島、5月、3 m

海底に棲む成体
全長1 m、平沢、3月、水深13 m

全長30 mm、
青海島、4月、3 m

丸呑みした小魚が消化管内に
透けて見える
全長35 mm、青海島、4月、3 m

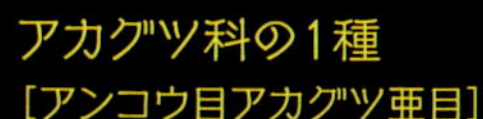

アカグツ科の1種

［アンコウ目アカグツ亜目］

Ogcocephalidae gen. et sp.

頭部から尾部までを覆う皮膜が大きく膨張し、全体的に丸みを帯びる。皮膜の表面には小さな棘が密生する。腹鰭を持つ。フサアンコウ科（Chaunacidae）の仔魚と類似するが、本科の仔魚は皮膜の膨張と発達した大きな胸鰭で特徴づけられる。

全長10 mm、屋久島、4月、3 m（野中 聡）

シダアンコウ属の仲間

［アンコウ目チョウチンアンコウ亜目シダアンコウ科］

Gigantactis spp.

皮膜が頭部から尾部までを覆うように膨張する。腹鰭はなく、胸鰭は大きく発達する。背鰭の鰭条は10本以下である。黒色素胞が体表にまばらに分布し、背鰭の前方および胸鰭基部に密集することがある。

全長10 mm、父島、5月、1 m

全長15 mm、南島、5月、8 m（小山麗子）

全長10 mm、父島、5月、1 m

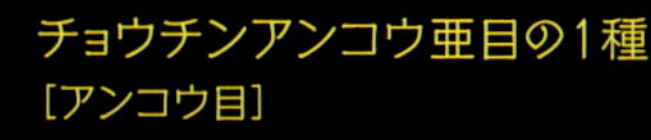

チョウチンアンコウ亜目の1種

［アンコウ目］

Ceratioidei

皮膜はやや膨張するが、シダアンコウ属ほどではない。胸鰭は比較的小さく、腹鰭はない。背鰭の鰭条は10本以下である。黒色素胞の分布は濃密でない。

全長9 mm、父島、5月、5 m（小山麗子）

アカマツカサ属の1種

［キンメダイ目イットウダイ科］

Myripristis sp.

イットウダイ科の種は頭部に複数の長大な棘が発達するリンキクチスと呼ばれる仔魚期を経過する。リンキクチスの名残は、後頭部の短い棘や吻の鋭い突出として稚魚にも見られる。

全長13 mm、大瀬崎、8月、4 m

マトウダイ

［マトウダイ目マトウダイ科］

Zeus faber

吻は短く、頭部前端はほぼ垂直になる。下顎の後端は下方に張り出し、口は大きく傾斜する。全体的に色素胞に覆われる。全長7mmほどになると、鰭条は完成し、体の側面に特徴的な色素帯が見られるようになる。

全長5 mm、青海島、5月、4 m

全長7 mm、大瀬崎、12月、10 m

ヒシマトウダイ科の1種

［マトウダイ目］

Grammicolepididae gen. et sp.

体は側扁し、背鰭の第1鰭条が伸長する。上顎は短く、下顎が上方へ傾斜する。写真の個体は体がやや細長く、腹鰭鰭条が伸長する。これらの特徴はこれまでに記録されている本科の仔稚魚とやや異なり、種や発育段階の違いである可能性が考えられる。

全長7 mm、大瀬崎、1月、6 m

ヨウジウオ科の仲間

[トゲウオ目]

Syngnathidae genn. et spp.

ヨウジウオ科の仲間は、雌が産んだ受精卵を雄が腹部の育児嚢で保護し、仔魚または稚魚まで育てて海中に産み出す。本科の仔稚魚に関する情報はまだ少なく、観察場所や体の大きさなどの情報が付与された写真は重要な知見になり得る。

全長15 mm、周防大島、10月、8 m

全長40 mm、大瀬崎、9月、1 m

出会いの場所にお百度参り

浮遊生物の観察や撮影に適した場所と季節がある。一番いい場所は「潮通しがよい場所の近くで潮が溜まるところ」だが、自然条件は日々刻々と変化する。流れに大きな変化がなくても風によって表層の水が岸に吹き寄せられることもあるし、湧昇が発生し、深場に棲む浮遊生物が運ばれてくることもある。

一度でもいい成果が出た場所には、何かしらのプラス要因が潜んでいるはずだ。しかし、その場所に行けばいつでも成果が上がるという保証はない。何度も通うことで、当たり日の傾向に気がつくこともある。成果のない日が続いても腐らず、通い詰めることが出会いのチャンスを広げてくれるのだ。（阿部秀樹）

全長35 mm、兄島、5月、10 m

ツクシトビウオ

［ダツ目トビウオ科］

Cypselurus doederleini

体は細く、頭部は小さい。全長15㎜ほどになると、下顎に1対のひげ状器官が形成される。本種のひげ状器官は幅広く、短い。体や胸鰭および腹鰭に濃淡の色素胞が帯状に配列する。背鰭の色素胞は発育に伴い増加する。

全長40 mm、八丈島、2月、6 m（石野将太）

トビウオ科の仲間

［ダツ目］

Exocoetidae genn. et spp.

トビウオ類の成魚の体色は種間でよく似ているが、仔稚魚の色素胞の配列は多様である。特に背鰭、胸鰭、腹鰭に現れる色素胞の配列様式が種の判別に利用される。

全長35 mm、兄島、5月、9 m

全長15 mm、父島、5月、1 m

全長12 mm、沖永良部島、11月、8 m

フサカサゴ科の仲間
[スズキ目カサゴ亜目]

Scorpaenidae genn. et spp.

カサゴ類の仔稚魚には頭部に多数の短い棘が出現し、その有無や長さは種同定のための重要な情報になる。体や鰭に現れる色素斑の分布も種によって異なる。フサカサゴ科には仔稚魚の胸鰭が扇状に大きく広がる種が多い。

全長13 mm、大瀬崎、10月、1 m

ハチ
[スズキ目カサゴ亜目ハチ科]

Apistus carinatus

体はやや細長い。胸鰭は大きく発達し、体に対して垂直方向に広げて泳ぐことが多い。尾鰭の後縁は丸みを帯びる。頭部には眼を中心に3方向へ放射状に伸びる黒色素帯がある。体の側面にも頭部から尾部へ向かう3本の色素帯がある。

全長15 mm、父島、5月、6 m

ヒメオコゼ
[スズキ目カサゴ亜目オニオコゼ科]

Minous monodactylus

下顎がやや突き出て口が傾斜する。胸鰭には12本の鰭条があり、扇状に広がる。ヒメオコゼの背鰭は第1鰭条と第2鰭条の長さがほぼ等しいが、同属のヤマオコゼ（*M. pusillus*）では第1鰭条が第2鰭条より短い。尾部の背腹両側に色素斑が形成される。

全長10 mm、青海島、5月、4 m

ホウボウ

[スズキ目カサゴ亜目ホウボウ科]

Chelidonichthys spinosus

頭部は大きく、吻はやや突き出る。扇状に広がる胸鰭は全体的に黒色素胞で覆われる。着底後、さらに成長すると胸鰭は鮮やかな青色に変わる。胸鰭の鰭条は仔稚魚期を通じて伸長しない。

全長13 mm、周防大島、6月、3 m

（中島賢友）

カナガシラ属の1種

[スズキ目カサゴ亜目ホウボウ科]

Lepidotrigla sp.

頭部はホウボウよりも高く、幅も広い。口は大きく、吻は前方へ突出する。胸鰭は扇状に広がり、第3鰭条が後方へ著しく伸長する。同時期のホウボウに比べ、色素胞の形成は乏しい。

全長10 mm、大瀬崎、3月、3 m（野中 聡）

キホウボウ科の1種

[スズキ目カサゴ亜目]

Peristediidae gen. et sp.

ノコギリ状の歯を持つ長大な棘が頭頂部や鰓蓋に形成され、発育の進んだ稚魚には吻突起が目立つようになる。胸鰭の鰭条が伸長する。ホウボウ科の仔稚魚に比べて尾部は細長い。

全長40 mm、青海島、5月、3 m

ハリゴチ属の仲間
［スズキ目カサゴ亜目ハリゴチ科］
Hoplichthys spp.

頭部は大きく極度に縦扁し、胴部は細い。口は大きく開き、眼はやや突出する。消化管の後端は太く、下方に突出する。背鰭は鰭条の分化に伴い起点が徐々に後進する。胸鰭は扇状に大きく広がる。

全長8 mm、青海島、5月、5 m

全長20 mm、青海島、5月、6 m

ツインテールのアイドル

春の海は浮遊生物たちの熾烈な人気争いが繰り広げられる。仔稚魚の中ではキアンコウやヒラメが不動の人気を誇る。

ホウボウ科の仔魚は、キアンコウのような華やかさはないし、ヒラメのような透明感もない。何といっても小さくて目立たない。だけど、ツインテールを後ろになびかせて一生懸命にヨチヨチと泳ぐ姿は愛らしい。一度見たらまた見たくなる存在だ。

ツインテールの正体は伸長した胸鰭の鰭条である。種によってその長さは異なるようだ。写真のように、ツインテールの先端がリボン状に広がっている種もある。泳ぐたびにゆらゆら揺れて、クラゲの触手のようにも見える。生まれて間もない仔魚だけが持つチャームポイントだ。

キホウボウの仔魚も長い胸鰭鰭条を持つが、頭部に2本の大きな棘があるので見分けられる。ホウボウ科の仔魚が持つ頭部の棘は短い。（若林香織）

ホウボウ科の1種の仔魚
全長7 mm、青海島、5月、2 m

テンジクダイ科の仲間

［スズキ目スズキ亜目］

Apogonidae genn. et spp.

細長いものから体高の大きいものまで様々であるが、共通して口は大きく、眼や鰾も大きい。鰾の背面には黒色素胞がある。消化管に発光器を持つ種も知られている。

全長17 mm、沖永良部島、11月、8 m

全長20 mm、沖永良部島、11月、10 m

全長15 mm、沖永良部島、11月、7 m

アジ科の1種

［スズキ目スズキ亜目］

Carangidae gen. et sp.

仔魚期に発達する頭部の棘は、稚魚期までに概ね消失する。体の側面に黒色素胞が密に出現し、種の同定に役立つ場合が多い。アジ科の稚魚はクラゲ類やクシクラゲ類に寄り添って身を隠す。写真の稚魚はヘンゲクラゲ（p.50）に寄り添っている。

全長15 mm、青海島、5月、7 m（齋藤勇一）

エフィラクラゲ科の1種に寄り添う様子

全長11 mm、大瀬崎、4月、2 m

シマガツオ科の仲間

［スズキ目スズキ亜目］

Bramidae genn. et spp.

頭部および眼が非常に大きい。胸鰭が発達し、シマガツオ属（*Brama*）では背鰭と臀鰭も大きくなる。シマガツオ科の一部の仔稚魚もクラゲ類などを隠れ家に利用することが知られている。

全長7 mm、南島、5月、8 m

フエダイ

［スズキ目スズキ亜目フエダイ科］

Lutjanus stellatus

フエダイ科の仔稚魚は体の側面や背鰭の色素斑、鰭条の伸長状態が種によって異なる。海底付近での生活に移行する時期のフエダイの稚魚では、背鰭の鰭条が全体的に長く、2、3、4番目の鰭条がほぼ同長である。

全長20 mm、伊豆大島、8月、8 m

ヒメジ

［スズキ目スズキ亜目ヒメジ科］

Upeneus japonicus

仔魚は海中で浮遊生活を送る。全長16mmほどで稚魚になり、浮遊生活から海底付近での生活へと移行する。稚魚の体表には赤ないし茶褐色の斑紋が出現し、やがて下顎に鰓条骨が変形して生じる触鬚が伸びる。

全長24 mm、大瀬崎、12月、2 m

ハタンポ属の仲間

［スズキ目スズキ亜目ハタンポ科］

Pempheris spp.

体は側扁する。背鰭と腹鰭はあまり大きく発達しない。頭部に黄色や橙色の色素胞が密に形成される場合が多い。尾部に現れる黒色素胞の分布様式も種同定のための重要な情報になる。

全長10 mm、沖永良部島、11月、9 m

全長12 mm、沖永良部島、11月、9 m

チョウチョウウオ科の仲間

［スズキ目スズキ亜目］

Chaetodontidae genn. et spp.

頭部全体が骨板で覆われ、鰓蓋を形成する前方の骨（前鰓蓋骨）が後方に突出する。このような特異的な形態を示すチョウチョウウオ科の仔稚魚をトリクチスとも呼ぶ。

全長9 mm、獅子浜、10月、10 m

全長15 mm、大瀬崎、10月、2 m

全長12 mm、大瀬崎、4月、6 m

スズメダイ科の1種

［スズキ目スズキ亜目］

Pomacentridae gen. et sp.

頭部や尾部の正中線上に黒色素胞が密に出現する場合が多い。写真の個体は吻が丸く、体が楕円形に近い。色素胞の分布様式や背鰭の棘数からスズメダイ属（*Chromis*）の1種とみられる。

全長13 mm、沖永良部島、11月、8 m

メダイ

［スズキ目イボダイ亜目イボダイ科］

Hyperoglyphe japonica

頭部は丸く、背鰭はひと山で前方が後方よりも低い。全体的に小さな黒色素胞で覆われる。体形の類似するイボダイ（*Psenopsis anomala*）では大型の黒色素胞が体前方に出現する。クラゲ類（p.38）やクシクラゲ類（p.50）を捕食することが知られている。

全長11 mm、大瀬崎、1月、5 m

テンス属の1種
[スズキ目ベラ亜目ベラ科]
Iniistius sp.

体は細長く、強く側扁する。眼や口は非常に小さい。背鰭の第1鰭条が著しく伸長し、第2鰭条と第3鰭条の間にやや間隔がある。テンス（*I. dea*）やホシテンス（*I. pavo*）では成魚にも背鰭の伸長鰭条が見られる。一方、仔稚魚期に第1鰭条が伸長しない種もある。
全長20 mm、沖永良部島、10月、8 m

全長11 mm、青海島、4月、3 m

全長10 mm、沖永良部島、11月、8 m

全長22 mm、伊豆大島、8月、7 m

ベラ科の仲間
[スズキ目ベラ亜目]
Labridae genn. et spp.

体は一般に細長く、側扁する。口は小さく、両顎の後端は眼の前縁に達しない。背鰭の基底は胴部背側のほぼ全域に及ぶほど長い。色素に乏しく、体は透明である場合が多い。

撮影の工夫 その1

自然相手の撮影では、被写体との出会いは一期一会である。活動範囲も水中にいる時間も限られる水中であればなおさらだ。一生に一度しか出会えないような被写体も多く、チャンスは一度きりである。そのチャンスを“モノ”にするには、自分で機材を考え、試してみる必要がある。考えた案が実際に使えるケースは10に1つあるかないか。いかにも馬鹿らしい発想が絶大な効果を発揮する場合もある。どんなことでも試してみるのが良い。撮影機材の工夫は、いい浮遊生物の写真を撮るために最も大切なことの1つだ。（阿部秀樹）

ストロボとライトのカバー
バックライトで使えばこの“魚の形相”の効果で被写体がレンズに向いてくれる。予想以上の効果を発揮する。

カジカ科の1種

[スズキ目カジカ亜目]

Cottidae gen. et sp.

体は細長く、頭部は小さいが眼は大きい。頭部の棘や黒色素胞の分布様式が種の同定に用いられる。仔魚期に肛門は体の前方に位置する。写真の個体の消化管は膨張しており、内部に捕食された仔魚の眼が見える。

全長15 mm、青海島、4月、2 m（中島賢友）

クサウオ属の1種

[スズキ目カジカ亜目クサウオ科]

Liparis sp.

体は短く、頭部が大きい。全体的に軟らかい皮膚に覆われる。孵化直後の仔魚は左右に扇形の胸鰭を持つ。胸鰭の基底は発育とともに腹側に向かって延長する。

全長5 mm、青海島、4月、5 m（中島賢友）

フタホシヒゲトラギス

[スズキ目ワニギス亜目ホカケトラギス科]

Acanthaphritis unoorum

体は細長く、頭部は縦扁し、吻が長く伸びる。仔魚期に頭部側面にあった眼は、稚魚期になると頭頂に移動し、左右が接近する。臀鰭の基底は長く、その起点は背鰭の起点より前方にある。

全長15 mm、青海島、10月、6 m

ワニギス属の1種

[スズキ目ワニギス亜目ワニギス科]

Champsodon sp.

鰓蓋から糸状またはリボン状の付属物が伸長する。頭部は大きく、口は傾斜し、下顎がやや突出する。腹腔の大部分に広がる非常に大きな鰾を持つ。

全長15 mm、大瀬崎、12月、5 m（堀口和重）

ウナギギンポ属の1種
［スズキ目ギンポ亜目イソギンポ科］
Xiphasia sp.

尾部が伸長し、体はウナギのように細長くなる。頭部の高さは体高より大きく、幅も広い。稚魚期の尾鰭は扇形に広がるが、成魚になると先細または幅狭になる。
全長90 mm、八丈島、11月、3 m

ネズッポ科の1種
［スズキ目ネズッポ亜目］
Callionymidae gen. et sp.

頭部および胴部が尾部に対して大きい。眼は仔魚初期に頭部の側面に位置するが、仔魚後期に背面へ移動する。
全長6 mm、大瀬崎、1月、3 m

撮影の工夫 その2

泳いで逃げるスピードはないのに「目の前から消えてしまう」。浮遊生物は厄介な被写体だ。一番大切なのは被写体を見失わないことだ。2人で撮影できれば、1人はサポートに回ってライトを当てながらの監視係。数分交代で撮影すれば被写体を見失うことも少なくなる。3人で撮影すれば、見失うリスクはさらに下がる。当然のことだが、被写体は“カメラ目線”をくれない。彼らの眼に映る私たちの姿は捕食者である。カメラを向けてひと寄りすれば、すぐに背を向ける。だが、三方向から囲んで撮影できれば、3人のうち誰かが正対できることになる。しばらく撮影していると被写体は別のほうを向く。撮影を終えた人が1歩下がれば邪魔にならず、2人のうちのどちらかが1歩寄る。3人での「押したり引いたり」は難しく感じるかもしれないが、1人で撮影するより撮り逃しは少なくなる。（阿部秀樹）

オオメワラスボ属の1種
[スズキ目ハゼ亜目オオメワラスボ科]
Gunnellichthys sp.

体は著しく伸長し、体高は低い。頭部は小さく、吻は丸い。下顎が上顎より突出する。背鰭の基底は非常に長く、体背側のほぼ全域を占める。腹鰭は小さい。一般にハゼ類の仔稚魚の鰾は腹腔前方にあるのだが、オオメワラスボ科では鰾が発育に伴い腹腔後方へ移動する。
全長30 mm、伊豆大島、8月、6 m

テングハギ属の1種
[スズキ目ニザダイ亜目ニザダイ科]
Naso sp.

体は強く側扁し、吻が前方へ顕著に突出する。発育に伴い腹部が下方へ突出するので、体は菱形に近くなる。このような特徴を持つ仔魚はケリスとも呼ばれる。背鰭と臀鰭の第1鰭条、および腹鰭条が著しく伸長し、その鰭条は多数の小さな歯を備える。腹腔内部に色素胞がある。
全長6 mm、沖永良部島、11月、7 m

ニザダイ科の仲間
[スズキ目ニザダイ亜目]
Acanthuridae genn. et spp.

テングハギ属を除くニザダイ科の仔魚では、吻が短く突出し、腹部は丸みを帯びる。この時期の仔魚をアクロヌルスと呼ぶ。全長2㎜ほどで生まれ、60㎜ほどになると稚魚期へ移行する。

全長30 mm、伊豆大島、8月、5 m

全長25 mm、八丈島、11月、8 m

マカジキ科の1種

［スズキ目カジキ亜目］

Istiophoridae gen. et sp.

頭部は大きく、口裂も極めて大きい。背鰭は扇状に発達し、体と背鰭は密な色素胞に覆われる。写真のように吻が長く伸びる稚魚はバショウカジキ（*Istiophorus platypterus*）やマカジキ（*Kajikia audax*）に見られる。

全長30 mm、八丈島、8月、5 m（東 克敏）

タチウオ

［スズキ目サバ亜目タチウオ科］

Trichiurus japonicus

頭部は仔魚期ですでに長く、吻は前方に突き出る。背鰭の鰭条は前方から徐々に分化する。臀鰭の基底は腹側後方のほぼ全域に及ぶが、鰭条は極めて短い。肛門は仔魚初期に体の前方に位置し、発育に伴い体の中央付近まで徐々に後進する。仔魚期の体はやや透明感があるが、稚魚期になると体はタチウオ特有のきれいな銀色に覆われる。

全長15 mm、周防大島、10月、9 m

全長30 mm、周防大島、10月、9 m

[カレイ目ヒラメ科]

Paralichthys olivaceus

初期の仔魚では背鰭の前端に5本の鰭条が伸長する。全長10㎜を超える頃にさらに1本が伸長し、後期仔魚は合計6本の伸長鰭条を持つ。右の4枚の写真は上から順に仔魚初期、仔魚後期、稚魚期、成体期と発育が進む。

全長4 mm、青海島、5月、5 m
(中島賢友)

全長10 mm、
青海島、5月、5 m

全長15 mm、
青海島、5月、6 m

全長18 mm、大瀬崎、4月、3 m

全長8 mm、
青海島、5月、3 m

全長60 cm、須江、11月、水深24 m

タマガンゾウビラメ

[カレイ目ヒラメ科]

Pseudorhombus pentophthalmus

初期の仔魚では背鰭の前端に6本の鰭条が伸長する。全長10㎜を超える頃にさらに1本が伸長し、後期仔魚は合計7本の伸長鰭条を持つ。

全長15 mm、大瀬崎、1月、5 m

トウカイナガダルマガレイ
［カレイ目ダルマガレイ科］
Arnoglossus polyspilus

背鰭前端にある1本の鰭条が極端に長くなり、その伸長鰭条には数本の分岐がある。本種の仔魚には背鰭および臀鰭の基部に複数の大きな色素斑が並ぶのに対し、同属他種の仔魚には見られない。本種は仔魚の特徴や分布の情報がきっかけで新種として記載された。
全長45 mm、青海島、4月、3 m

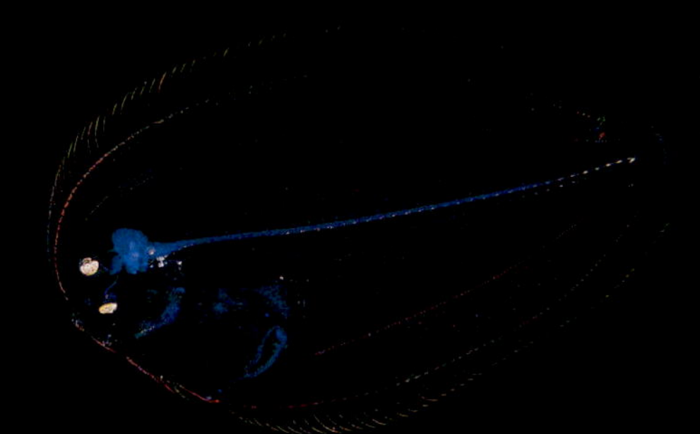

ホシダルマガレイ属の1種
［カレイ目ダルマガレイ科］
Bothus sp.

仔魚初期の体は延長形で背鰭前方に伸長鰭条を持つが、変態期の体は大きな卵円形で伸長鰭条は退縮し後方の鰭条と同長になる。下顎から肛門までの体縁に棘状の突起はない。右眼が体の左側へ移動する。
全長50 mm、八丈島、11月、10 m

クラゲのゆりかごに守られて

海藻が海底で暮らす仔稚魚のゆりかごなら、クラゲは浮遊する仔稚魚のゆりかごと言えるのかもしれない。クラゲ類やクシクラゲ類の周りで生活する仔稚魚はけっこう多いのだ。私たちが近づくと、仔稚魚たちは決まってクラゲの後ろに隠れる。後ろへ回ると、今度は前へ逃げる。まるで彼らとかくれんぼをしている感覚になる。仔稚魚たちはお腹が空いたらクラゲから餌を分けてもらう。カイアシ類のような小さなプランクトンを自分で1匹ずつ集めるより、クラゲが集めたカイアシ類の「おにぎり」をひと口食べるほうが、ずっと効率的だ。それでは足りずにクラゲをかじってしまう仔稚魚もいるのだが。（若林香織）

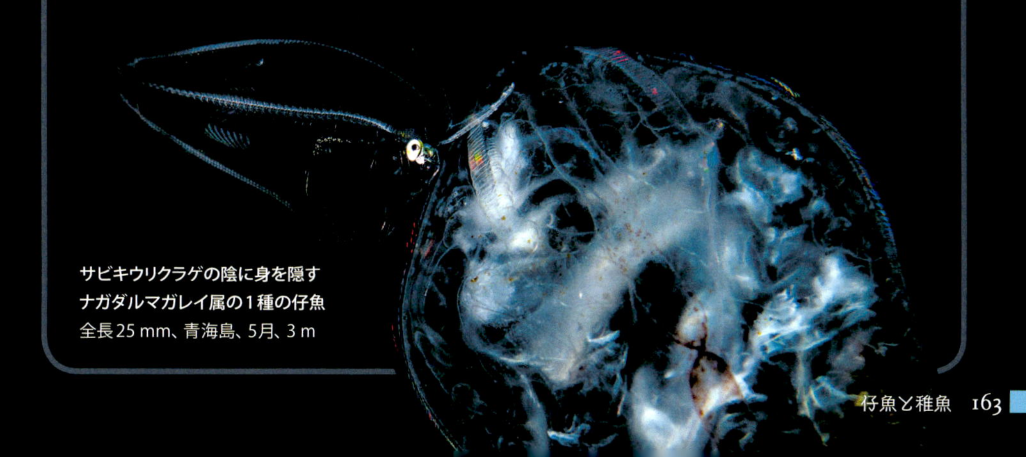

サビキウリクラゲの陰に身を隠す
ナガダルマガレイ属の1種の仔魚
全長25 mm、青海島、5月、3 m

ダルマガレイ科の1種

［カレイ目］

Bothidae gen. et sp.

体は卵形で、背鰭の前方に1本の短い伸長鰭条を持ち、下顎から肛門までの体縁に棘はない。このような特徴の仔魚はイイジマダルマガレイ属（*Psettina*）やミツメダルマガレイ属（*Grammatobothus*）に見られる。

全長25 mm、大瀬崎、1月、5 m

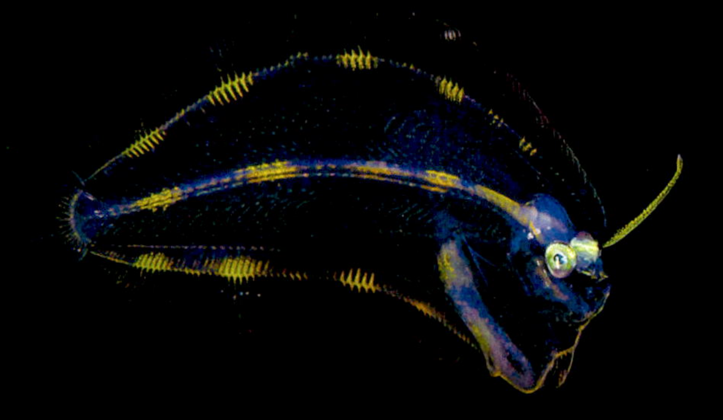

ヤナギムシガレイ

［カレイ目カレイ科］

Tanakius kitaharai

カレイ科のほとんどの種において、左眼が変態期に体の右側へ移動する。体表に現れる色素胞の分布が属や種の決定に役立つ。本種の色素胞は後頭部や下顎などに出現し、背鰭や臀鰭には斑紋状に並ぶ。胸鰭の付け根に色素胞は出現しない。

全長20 mm、青海島、4月、5 m（齋藤勇一）

セトウシノシタ

［カレイ目ササウシノシタ科］

Pseudaesopia japonica

左眼が体の右側に徐々に移動する。背鰭、臀鰭、尾鰭の縁に赤褐色や黄色の色素胞が密集する。本種の仔魚では背鰭および臀鰭と尾鰭が明瞭に離れるが、シマウシノシタ（*Zebrias zebrinus*）ではわずかに開く。

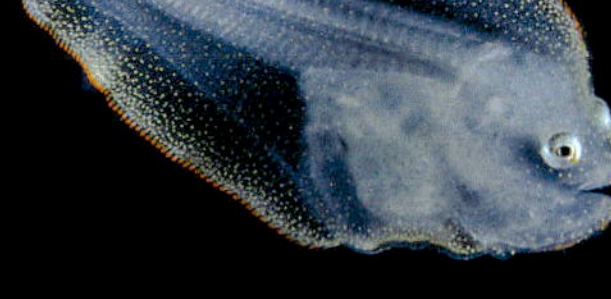

全長10 mm、青海島、5月、4 m

全長12 mm、青海島、5月、1 m

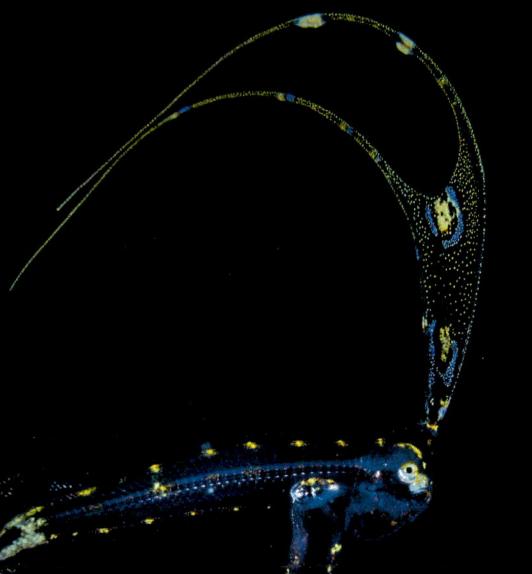

ウシノシタ科の1種

［カレイ目］

Cynoglossidae gen. et sp.

体は細長く側扁し、腹部は下方へ膨出する。頭部前方がこぶ状に膨れ、その上に2本の伸長鰭条が顕著に伸びる。発育とともに体はさらに側扁し、右眼が吻の上を通って左側へ移動する。

全長17 mm、周防大島、11月、8 m

アミメハギ

［フグ目カワハギ科］

Rudarius ercodes

体は側扁し、丸みを帯びる。カワハギ類の稚魚には背鰭条が角のように伸びる種が多いが、本種の背鰭条は短い。流れ藻やクラゲ類（p.38）と一緒に泳いで身を隠す。クラゲ類を捕食することもある。

全長10 mm、大瀬崎、10月、2 m

放散虫

クロミスタ界リザリア下界放散虫門(ほうさんちゅうもん)に属する単細胞のプランクトン。近くに来た小型甲殻類からバクテリアまで様々な餌を捕食する。オパールまたは硫酸ストロンチウムでできた内骨格を持つ。その形態は多様で美しい。

グンタイマルサボテンムシ科の仲間
[コロダリア目]

Collosphaeridae genn. et spp.

群体となって生活する放散虫類で、ゼラチン質の外被に包まれた明るい粒の1つ1つに放散虫個体が存在する。それぞれの個虫は球形で、内部にガラス質の球殻を持つ。個虫の数や配置、群体の形や大きさは同一種でも様々である。外被の内外には黄色い粉状の微細藻類が共生する。

群体の長さ8 mm、
父島、5月、3 m

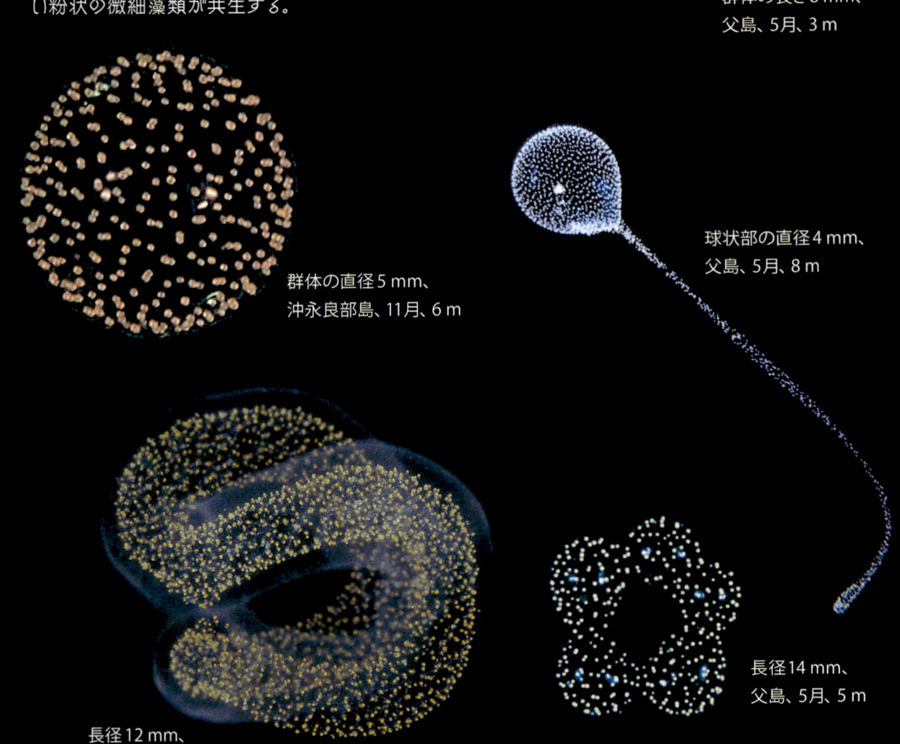

群体の直径5 mm、
沖永良部島、11月、6 m

球状部の直径4 mm、
父島、5月、8 m

長径14 mm、
父島、5月、5 m

長径12 mm、
父島、5月、5 m

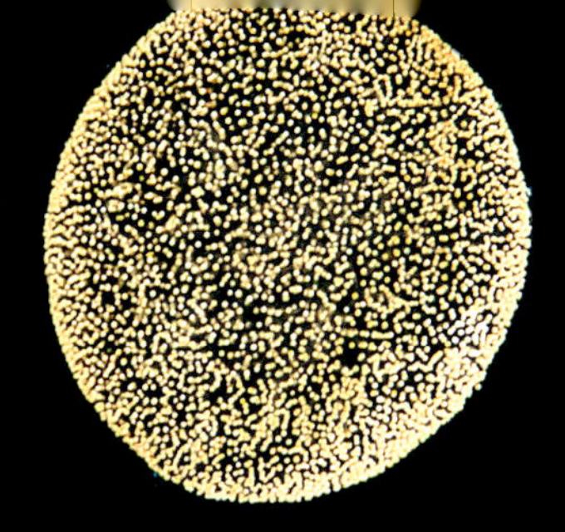

ハリチラシサボテンムシ科（新称）の1種
［コロダリア目］

Sphaerozoidae gen. et sp.

微細藻類の共生するゼラチン質の外被中に多数の個虫が集合して群体を形成する。個虫の周りには、4本足の波消しブロックを2つつなげたような形のガラス質の針がある。本種を含むこの科の放散虫類は群体全体に針が散らばっているように見えることから、「ハリチラシサボテンムシ科」の和名を提唱する。

直径4 mm、青海島、5月、6 m

ジュズヒモサボテンムシ属の1種
［コロダリア目ジュズヒモサボテンムシ科］

Collophidium sp.

数個の個虫が数珠状につながった紐状の群体を形成する。放散虫を愛し図解したことで知られるドイツの生物学者エルンスト・ヘッケルが発見した放散虫類の1つである。

直径4 mm、父島、5月、2 m

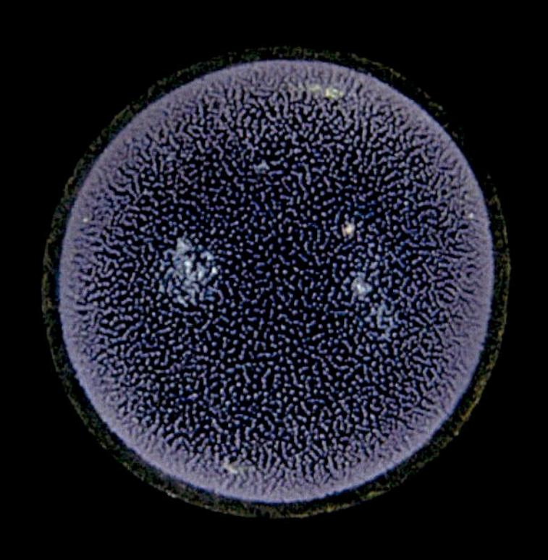

直径4 mm、父島、5月、5 m

キナコマリサボテンムシ（新称）
［コロダリア目マリサボテンムシ科（新称）］

Thalassicolla nucleata

1個の放散虫本体が球の中心に位置し、多量の液胞に囲まれ、さらにゼラチン質の外被に包まれる。球状の外被は毬を連想させることから、本種を含むこの科に「マリサボテンムシ科」の和名を提唱する。また、本種の外被にはきな粉を振りかけたように共生藻が散在する。この共生藻にちなみ、本種に「キナコマリサボテンムシ」の和名を提唱する。左下の個体に貼り付く赤い玉を持つ生物は、フェオダリア類（オーロスファエラ科の1種）である。

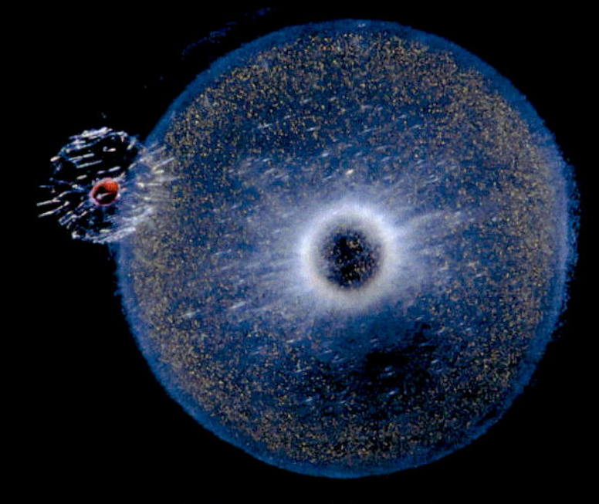

直径5 mm、父島、5月、7 m

直径5 mm、父島、5月、5 m

マリサボテンムシ科の仲間
［コロダリア目］

Thalassicollidae genn. et spp.

中央にはっきり見える球状の構造が放散虫本体である。ゼラチン質の外被に覆われ、脱いでは新たに作るのを半日から数日に1回繰り返す。エビ類の幼生など様々な小型甲殻類が利用するようだが、その関係についてはほとんど不明である。

直径5 mm、大瀬崎、12月、6 m

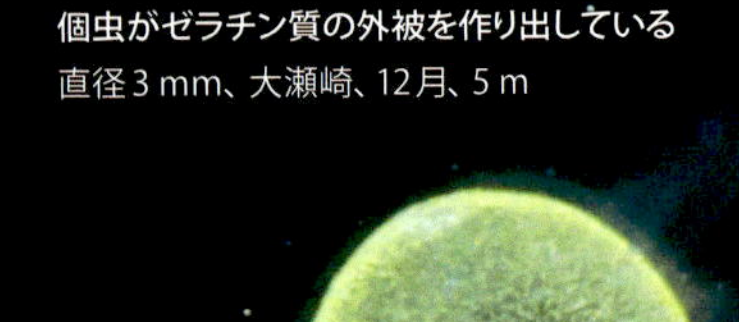

個虫がゼラチン質の外被を作り出している
直径3 mm、大瀬崎、12月、5 m

タラバエビ科のゾエアが身を隠している
直径6 mm、青海島、5月、6 m

ゼラチン質の外被を脱いだ直後の個虫
直径3 mm、青海島、5月、5 m

コロダリア目の1種

Collodaria

コロダリアの仲間は、様々な形状の細胞がゼラチン質の塊の中に集合して群体（コロニー）を作るものが多い。この放散虫類は、厚みのない円盤状の群体を形成したようだ。
直径15 mm、父島、5月、4 m

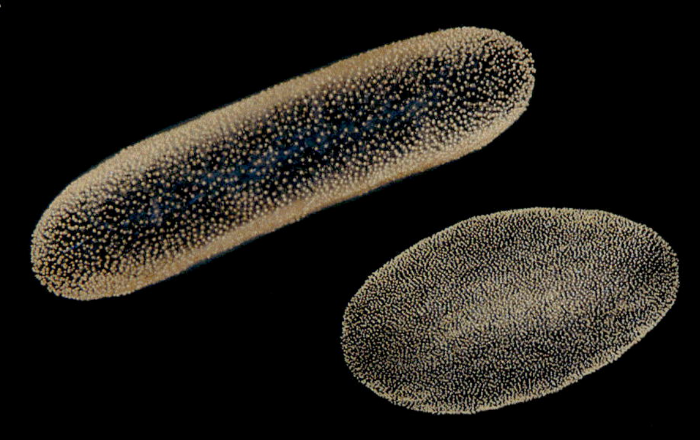

コンジキウミサボテンムシ類（新称）の1種

[アカンタリア目]

Acantharia (acanthometroids)

中央に赤く球状に見えるのが細胞本体で、その周りには黄色ないし金色の共生藻がある。その共生藻の色にちなみ、アカンタリア目内の共生藻を持つグループの和名に「コンジキウミサボテンムシ」を提唱する。ただし、このグループの分類階級は未だ決定していないため、本書ではコンジキウミサボテンムシ“類”とした。

直径1.5 mm、能登島、9月、2 m

ルリイロウミサボテンムシ類（新称）の1種

[アカンタリア目]

Acantharia (litholophids)

外見は前載のコンジキウミサボテンムシ類に似るが、細胞本体の周囲に共生藻がないことで区別できる。全体的に青っぽく見えることから、アカンタリア目内の共生藻を持たないグループに「ルリイロウミサボテンムシ」の和名を提唱する。ただし、この分類階級は未だ決定していないため、本書ではルリイロウミサボテンムシ“類”とした。

直径2 mm、能登島、9月、2 m

デジタルカメラと放散虫

コロダリアの仲間は、ダイビングで浮上前に行う安全停止中によく見る放散虫だ。泳ぎもせず、形が特徴的でもない。黄色い粒々が内部に見えるので何かの卵塊ではないかとも思ったが、どうも違う。ただただ浮遊するだけで、これ自体が生き物とは思えなかった。「何者だろう？」という疑問は持っていたが、撮影枚数制限のあるフィルムカメラ時代は、撮影意欲を掻き立てられる存在ではなかった。

今やデジタルカメラの全盛期。水中で撮った画像を、水中で拡大して確認することもできる。タンクに空気があれば納得のゆくまでシャッターを切れる。デジタルカメラだからこそ撮れる放散虫。いいかえれば、放散虫という未知の領域に足を踏み入れることができたのは、デジタルカメラのお陰である。（阿部秀樹）

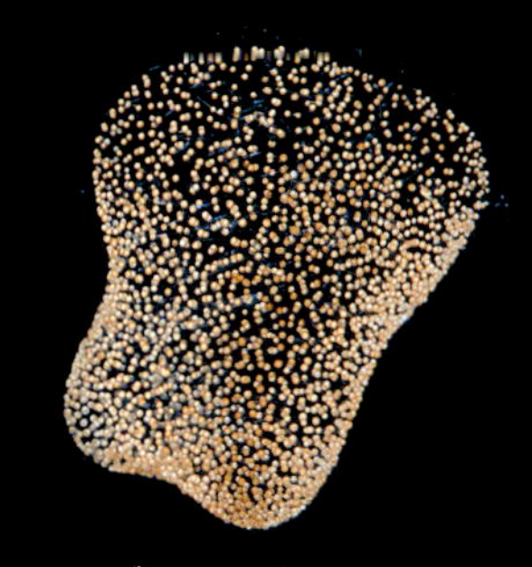

コロダリア目の1種

長さ15 mm、父島、5月、6 m

ミナミジュウジサボテンムシ（新称）
[アカンタリア目
ミナミジュウジサボテンムシ科（新称）]
Stauracon pallidum

極端に長い4本の棘を有し、細胞本体は中央に小さくまとまる。4本の長い棘が南十字星を想像させることから、本種および本種が含まれる科の和名にそれぞれ「ミナミジュウジサボテンムシ」「ミナミジュウジサボテンムシ科」を提唱する。

中心部の直径1 mm、南島、11月、2 m

アカンタリア目の仲間

Acantharia

セレスタイト（天青石）という鉱物で作られた20本の棘が細胞本体から規則正しく伸びるのが本目の特徴である。棘の先端に黄色いラッパ状の構造が認められるが、このような種はこれまで記録されていない。

コエビ下目のゾエアが乗っている
直径4 mm、柏島、10月、4 m

直径3 mm、青海島、10月、7 m

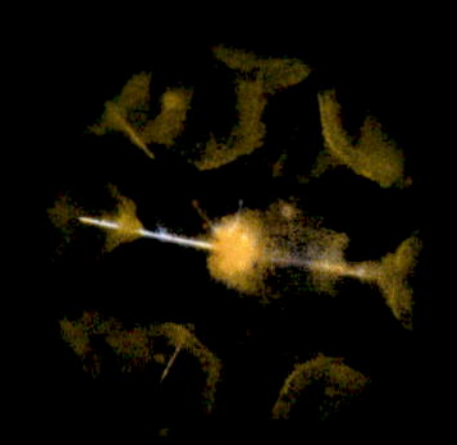

直径3 mm、大瀬崎、9月、7 m

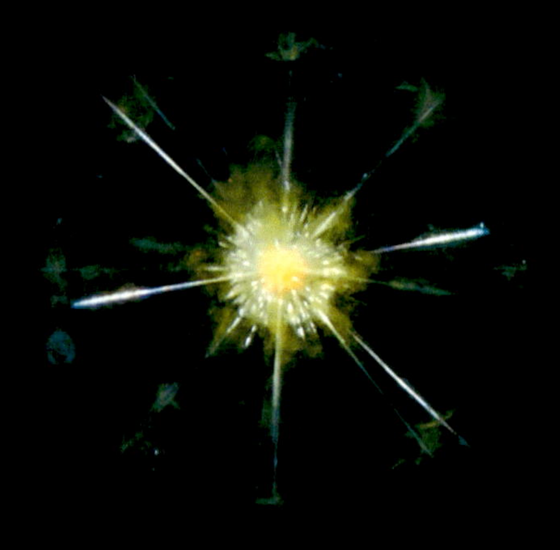

直径3 mm、柏島、11月、4 m

放散虫門の1種

Radiolaria

細胞の構造から放散虫類の仲間であると判断できる。ゼラチン質の外被はコロダリア目のものに似るが、触手を持つ種は知られておらず、新たな放散虫類の発見である可能性もある。プランクトンネットでの捕獲は難しく、潜水による調査が必要である。

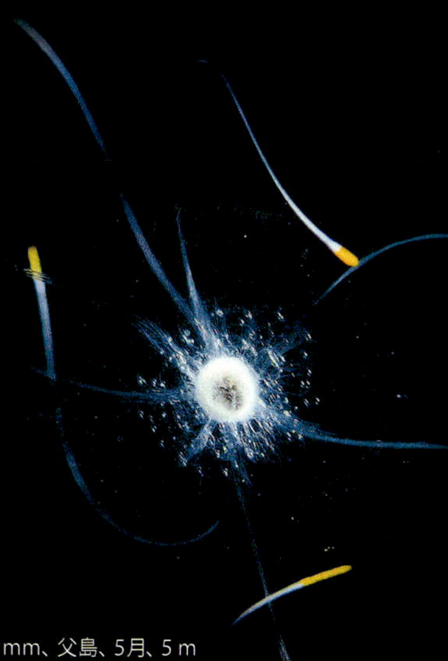

直径8 mm、父島、5月、5 m

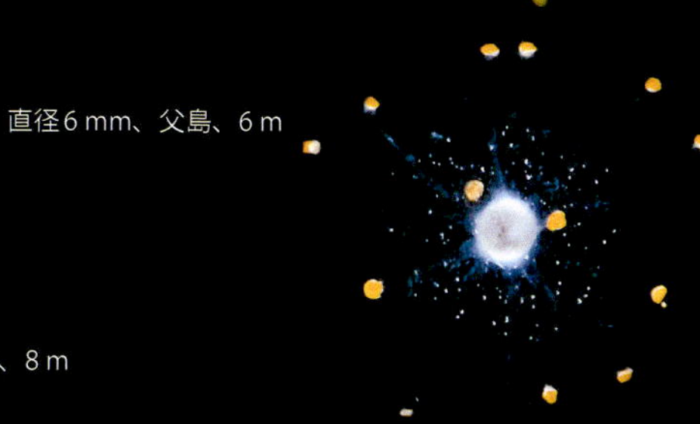

直径6 mm、父島、6 m

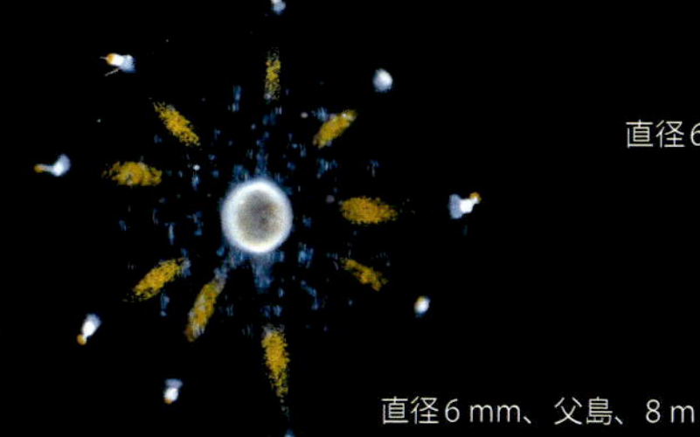

直径6 mm、父島、8 m

小さな美術品

小さな謎の生き物を初めて撮影したときの情景、興奮、驚きを未だに忘れることができない。ファインダーに入ってきた直径1mmほどのゴミだと思っていたものに偶然ピントが合った。その形の美しさは明らかにゴミではないが、何の生物かもわからないまま、興奮のなかで36枚のフィルムを使い果たした。現像を待っている間に海洋関係の本を開き、しらみつぶしにその正体を探ったが、結局わからないまま時は過ぎた。

思い出しては調べていると、数年後、どうも放散虫らしいという結論に至った。しかし、水中で見た姿にピッタリと合う図や写真は、学術論文にはほとんどない。放散虫は捕獲して閉鎖空間に置かれると、姿を変えたり溶けてなくなってしまうのだ。大海原で浮遊しているときだけに見せる姿は、美術品と思えるほど美しく神秘的だ。（阿部秀樹）

ルリイロウミサボテンムシ類の1種

直径2 mm、隠岐島都万、7月、5 m

有孔虫

クロミスタ界リザリア下界有孔虫門に属する単細胞生物。浮遊性有孔虫は世界から約50種が知られ、小さな孔がたくさん開いた石灰質の殻を持つ。その孔からは、餌の捕獲や運動に使う細長い糸状の仮足や、伸縮性を持たない棘が放射状に伸びる。

タマウキガイ［グロビゲリナ科］

Globigerina bulloides

細胞本体は4つの球が組み合わさったような形の殻に覆われる。最も大きな球に相当する部分が透明に見える場合がある。殻の表面から伸びる棘は石灰質で、水中でしなやかに反る。この棘は太陽光やライトの光を反射して虹色に輝く。

殻径0.5 mm、能登島、9月、2 m

マルウキガイ［グロビゲリナ科］

Orbulina universa

真ん中に球状の殻があり、さらにその内部にはいくつかの球が組み合わさったような形の殻がある。太陽光を受けると共生藻が金色に光る。日本周辺では房総半島から沖縄までの太平洋側で出現する。

球状殻の直径 0.8 mm、青海島、4月、5 m

ツノウキガイ［ハスティゲリナ科］

Hastigerina pelagica

殻は嚢包と呼ばれる泡状の組織で覆われ、その外縁から棘が放射状に伸びる。殻壁の孔からは仮足や棘が伸長して嚢包を支える。嚢包には海水中で浮力を獲得するための重要な働きがある。

嚢包部の直径3 mm、久米島、3月、8 m

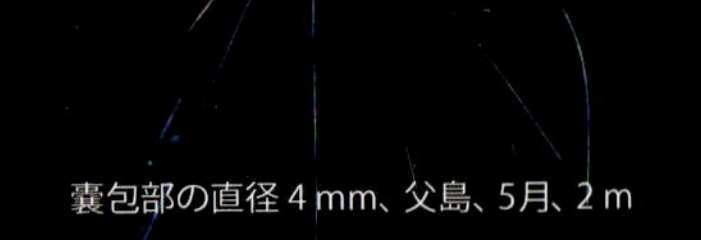

嚢包部の直径4 mm、父島、5月、2 m

藍藻

藍藻綱に属する植物プランクトン。藍藻類の細胞は、高等植物に見られる核や葉緑体がなく、中心質と周辺質からなる。細胞が連鎖した細胞糸は1本または複数本が鞘に包まれて藻糸となる。

イガクリアカシオ［ユレモ目ナガレクダモ科］

Trichodesmium thiebautii

ガス胞を持ち、海面付近に漂う。濃密に集まってくると、藍糸が互いに絡み合い、やがて写真のように球状になる。日本周辺では夏頃に増殖し、九州沿岸から相模湾までの太平洋沿岸各地で赤潮と言えるほどの濃密さを呈する場合がある。

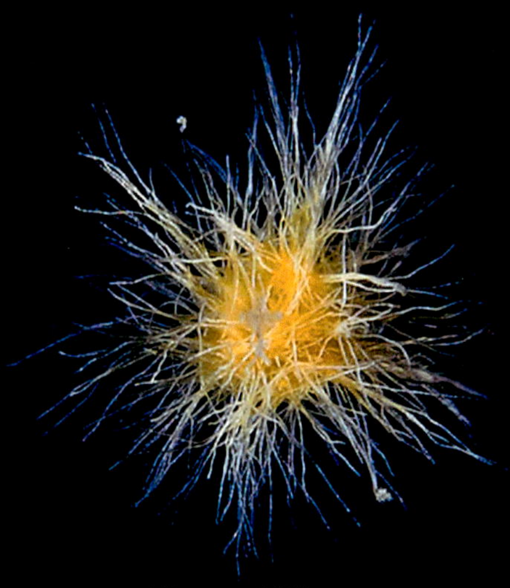

直径3 mm、大瀬崎、9月、6 m

直径2.5 mm、青海島、10月、4 m
（ダイバーの指と比べ、非常に小さいことがわかる）

直径3 mm、青海島、10月、4 m

ネジレアカシオ［ユレモ目ナガレクダモ科］

Trichodesmium contortum

集合した藻糸は方向性をもって束ねられ、中間部でやや捻じれる。前種と同様に、大量発生によって赤潮を引き起こす原因となる。

長さ5 mm、柏島、11月、5 m

索引

【ア】

【カ】

主な参考文献

【書籍】

『Art Forms in Nature: The Prints of Ernst Haeckel 』（Prestel Pub, 1998）
『Atlas of Crustacean Larvae』（Johns Hopkins University Press, 2014）
『Atlas of Marine Invertebrate Larvae』（Academic Press, 2002）
『微化石－顕微鏡で見るプランクトン化石の世界』（東海大学出版会, 2012）
『動物系統分類学 第2巻』（中山書店, 1961）
『動物系統分類学 第5巻下』（中山書店, 1999）
『動物系統分類学 第7巻中B』（中山書店, 1966）
『動物系統分類学 第8巻上』（中山書店, 1965）
『動物系統分類学 第8巻下』（中山書店, 1986）
『Identification Guide for Cephalopod Paralarvae from the Mediterranean Sea』（International Council for the Exploration of the Sea, 2015）
『イカ・タコガイドブック』（阪急コミュニケーションズ, 2002）
『Invertebrates 3rd edition』（Sinauer, 2016）
『海岸動物』（保育社, 1996）
『貝のミラクル』（東海大学出版会, 1997）
『貝類学』（東京大学出版会, 2010）
『クラゲガイドブック』（CCCメディアハウス, 2015）
『日本海洋プランクトン図鑑』（保育社, 1966）
『日本近海産貝類図鑑』（東海大学出版会, 2000）
『日本クラゲ大図鑑』（平凡社, 2015）
『日本の海産プランクトン図鑑 第2版』（共立出版, 2013）
『日本産稚魚図鑑』（東海大学出版会, 1988）
『日本産稚魚図鑑 第2版』（東海大学出版会, 2014）
『日本産エビ類の分類と生態I』（生物研究社, 2009）
『日本産魚類検索 全種の同定 第3版』（東海大学出版会, 2013）
『日本産海洋プランクトン検索図説』（東海大学出版会, 1997）
『Ocean Drifters: A Secret World Beneath the Waves』（Firefly Books, 2011）
『Pelagic Snails: The Biology of Holoplanktonic Gastropod Mollusks』（Stanford University Press, 1989）
『Reproduction and Larval Development of Danish Marine Bottom Invertebrates, with Special Reference to the Planktonic Larvae in the Sound (Øresund)』（C.A. Reitzels, 1946）
『最新クラゲ図鑑 110種のクラゲの不思議な生態』（誠文堂新光社, 2013）
『生物学辞典 第5版』（岩波書店, 2013）
『世界で一番美しいイカとタコの図鑑』（X-Knowledge, 2014）
『刺胞をもつ動物 サンゴやクラゲのふしぎ大発見』（和歌山県立自然博物館, 2007）
『深海生物大事典』（成美堂出版, 2015）
『新日本動物図鑑 上』（北隆館, 1965）
『新日本動物図鑑 中』（北隆館, 1965）
『新編 世界イカ類図鑑』（全国いか加工業協同組合, 2015）
『水産無脊椎動物学』（培風館, 1969）
『シャコの生物学と資源管理』（日本水産資源保護協会, 2005）
『美しいプランクトンの世界』（河出書房新社, 2014）
『We Love Fishes 魚好きやねん』（東海大学出版会, 2016）
『幼魚ガイドブック』（阪急コミュニケーションズ, 2000）
『Zooplankton of the Atlantic and Gulf Coasts』（Johns Hopkins University Press, 2012）

【論文等】

『A new classification of the Galatheoidea (Crustacea: Decapoda: Anomura)』（Zootaxa 2676: 57–68, 2010）
『A phylogeny-based revision of the family Luciferidae (Crustacea: Decapoda)』（Zoological Journal of the Linnean Society 178: 15–32, 2016）
『Associations between gelatinous zooplankton and hyperiid amphipods (Crustacea: Peracarida) in the Gulf of California』（Hydrobiologia 530/531: 529–535, 2004）
『Cephalopod paralarvae (excluding Ommastrephidae) collected from western Japan Sea and northern sector of the East China Sea during 1987-1988: preliminary classification and distribution』（Bulletin of Japan Sea Regional Fisheries Research Laboratory 41: 43–71, 1991）
『Complete larval development of the red frog crab *Ranina ranina* (Crustacea, Decapoda, Raninidae) reared in the laboratory』（Nippon Suisan Gakkaishi 56: 577–589, 1990）
『Description of zoeae and habitat of Elamenopsis ariakensis (Brachyura: Hymenosomatidae) living within the burrows of the sea cucumber Protankyra bidentata』（Journal of Crustacean Biology 28: 342–351, 2008）
『Distribution, relative abundance and developmental morphology of paralarval cephalopods in the western North Atlantic Ocean』（NOAA Technical Report NMFS 152: 1–54, 2001）
『Extreme morphologies of mantis shrimp larvae』（Nauplius 24: e2016020, 2016）
『Form, and feeding mechanism of a living *Planctosphaera pelagica* (phylium Hemichordata)』（Marine Biology 120: 521–533, 1994）
『Identification of late-stage phyllosoma larvae of the Scyllarid and Palinurid lobsters in the Japanese Waters』（Nippon Suisan Gakkaishi 52: 1289–1294, 1986）
『Later zoeal and early postlarval stages of three dorippid species from Japan』（Publications of the Seto Marine Biological Laboratory 32: 233–274, 1987）
『Morphological and molecular description of the late-stage larvae of Alima Leach, 1817 (Crustacea: Stomatopoda) from Lizard Island, Australia』（Zootaxa 3722: 22–32, 2013）
『Morphological changes with growth in the paralarvae of the diamondback squid *Thysanoteuthis rhombus* Troschel, 1857』（Phuket Marine Biological Center Research Bulletin 66: 167–174, 2005）
『日本海新潟沿岸域から採集された大型アミ類2種（甲殻綱・アミ目・ロフォガスター科）』（日本生物地理学会会報 57: 19–30, 2002）
『日本近海の浮遊性多毛類の分類』（海洋科学 7: 97–102, 1975）
『Phyllosoma and Nisto stage larvae of slipper lobster, Parribacus, from the Izu-Kazan Islands, southern Japan』（Bulletin of the National Science Museum, Series A, Zoology 24: 161–175, 1998）
『相模湾に見られる表層性ユメエビ類（サクラエビ科，ユメエビ属）及びそれら近縁種の西部北太平洋における分布』（横浜国立大学理科教育実習施設研究報告 6: 59–69, 1990）
『Some larval stages of three Australian crabs belonging to the families Homolidae and Raninidae, and observations of the affinities of these families (Crustacea: Decapoda)』（Australian Journal of Marine and Freshwater Research 16: 369–398, 1965）
『Swarming of thecosomatous pteropod Cavolinia uncinata in the coastal waters of the Tsushima Strait, the western Japan Sea』（Bulletin of Plankton Society of Japan 41: 21–29, 1994）
『The barrel of the pelagic amphipod *Phronima sedentaria* (Forsk.) (Crustacea: Hyperiidea)』（Journal of Experimental Marine Biology and Ecology 33: 187–211, 1978）
『The evolution of annelids reveals two adaptive routes to the interstitial realm』（Current Biology 25: 1993–1999, 2015）
『The marine fauna of New Zealand: larvae of the Brachyura (Crustacea, Decapoda)』（New Zealand Oceanographic Institute Memoir 92: 1–90.）
『The postlarvae of *Scyllarides astori* and *Evibacus princeps* of the eastern tropical Pacific (Decapoda, Scyllaridae)』（Crustaceana 28: 139–144, 1975）
『ウチワエビ幼生とオオバウチワエビ幼生の完全飼育について』（鹿児島大学水産学部紀要 27: 305–353, 1976）

『Unweaving hippolytoid systematics (Crustacea, Decapoda, Hippolytidae): resurrection of several families』（Zoologica Scripta 43: 496–507, 2014）
『わが国近海に見られる浮遊性巻貝類－I』（うみうし通信 88 2–3: , 2015）
『わが国近海に見られる浮遊性巻貝類－II』（うみうし通信 89: 4–5, 2015）
『わが国近海に見られる浮遊性巻貝類－III』（うみうし通信 90: 6–7, 2016）
『わが国近海に見られる浮遊性巻貝類－IV』（うみうし通信 91: 8–9, 2016）
『わが国近海に見られる浮遊性巻貝類－V』（うみうし通信 92: 4–5, 2016）
『わが国近海に見られる浮遊性巻貝類－VI』（うみうし通信 93: 4–5, 2016）
『わが国近海に見られる浮遊性巻貝類－VII』（うみうし通信 94: 8–9, 2017）
『わが国近海に見られる浮遊性巻貝類－VIII』（うみうし通信 95: 2–3, 2017）

【ウェブサイト】
『Tree of Life Web Project』（http://tolweb.org/tree/phylogeny.html）
『ウッカリカサゴのブログ』（https://ameblo.jp/husakasago）
『World Register of Marine Species (WoRMS)』（http://www.marinespecies.org/）

［執筆協力（敬称略）］角井敬知、河村真理子、木元克典、窪寺恒己、黒柳あずみ、幸塚久典、小嶋純一、齋藤暢宏、鈴木紀毅、田中正敦、田和篤史、土屋光太郎、苫野哲史、富川 光、冨山 毅、仲村康秀、西川 淳、長谷川和範、藤田喜久、星野浩一、南 卓志、柳 研介、ジュリアン・フィン

［写真協力（敬称略）］東 克敏、石野昇太、小川智之、小倉直子、小山麗子、齋藤勇一、田中百合、中島賢友、中村宏治、野中 聡、堀口和重、真木久美子、森下 修

［取材協力（敬称略）］櫻井季巳、瀬能 宏、長谷部陽一

［機材協力（法人）］株式会社フィッシュアイ、フィッシュアイ＆Nauticam、ZERO（株式会社ゼロ）、有限会社イノン、株式会社タバタ、RGBlue

［撮影協力（現地ダイビングサービス・団体）］大瀬海浜商業組合（静岡県沼津市）、大瀬潜水協会（静岡県沼津市）、大瀬館マリンサービス（静岡県沼津市）、シーキング（静岡県沼津市）、はまゆうマリンサービス（静岡県沼津市）、獅子浜マリンサービス（静岡県沼津市）、大島ダイビング連絡協議会 加盟店（東京都大島町）、レグルスダイビング（東京都八丈町）、コンカラー（東京都八丈町）、パッショーネ（東京都八丈町）、URASHIMAN（東京都小笠原村）、海遊（富山県富山市）、能登島ダイビングリゾート（石川県七尾市能登島）、T-Style（兵庫県豊岡市竹野）、隠岐の国ダイビング（島根県隠岐の島町）、隠岐の島町役場都万支所（島根県隠岐の島町都万）、フレンズしまね（島根県松江市）、Love & Blue（山口県柳井市）、シーアゲイン（山口県山口市）、青海島キャンプ村 船越（山口県長門市青海島）、山口県漁業協同組合長門統括支店（山口県長門市）、アクアス（高知県大月町柏島）、SeaZoo（高知県大月町柏島）、むがむがダイビング（鹿児島県知名町沖永良部島）、沖永良部島観光協会、ダイブ エスティバン（沖縄県久米島町）

●編集協力：阿部浩志（ruderal inc.）
●デザイン：ニシ工芸（西山克之）
●イラスト（p17-19、p.22-25）：富士鷹なすび

【著者】**若林香織**（わかばやし・かおり）

広島大学大学院統合生命科学研究科・准教授。1981年、石川県能登町生まれ。富山大学大学院理工学教育部博士課程修了。博士（理学）。東京海洋大学博士研究員、日本学術振興会特別研究員（PD）、西豪州カーティン大学客員研究員を経て、現職。専門は海産無脊椎動物の生殖生態学や発生学。最近は幼生の分類学にも興味を持つ。海の小さな生き物たちの美しい形や力強く生きる姿に魅了されて研究者になった。多様な形や行動の意味を理解するために、ダイバーとともに潜水し生物の観察を続けている。

【著者】**田中祐志**（たなか・ゆうじ）

東京海洋大学学術研究院海洋環境科学部門・教授。1960年、大阪府堺市生まれ。泉州や紀州の海に親しんだ経験から海の研究を志し京都大学農学部水産学科に入る。卒業論文と修士論文で舞鶴湾や若狭湾に出て魚の浮遊卵の分散や集積の研究に取り組む。修士課程を終えて北海道立稚内水産試験場に就職し、漁業資源部で勤務。その後、近畿大学農学部水産学科、カリフォルニア大学スクリプス海洋研究所、東京水産大学を経て現職。専門は浮遊生物学で、海に漂う生物が「いかに素晴らしい生き方をしているか」を追究している。

【写真】**阿部秀樹**（あべ・ひでき）

水中写真家。1957年、神奈川県藤沢市生まれ。立正大学文学部地理学科卒業。日本の海の多様性に注目し、北海道から沖縄までの海・人・水中を取り巻く姿を「里海」として取り上げる。特にイカ・タコ類の撮影では国内外の研究者と連携した貴重な映像・撮影で国際的な評価を得ている。水生生物の生態撮影が得意分野で100種に渉る生態行動をアマチュア時代から追いかけ、その分野ではテレビ番組等で活躍し、コーディネートなども行う。浮遊生物の撮影に25年の歳月を費やし、現在も継続して取り組んでいる。

美しい海の浮遊生物図鑑

2017年11月9日　初版第1刷発行
2019年6月30日　初版第2刷発行

著者：　若林香織・田中祐志
写真：　阿部秀樹

発行者：　斉藤 博
発行所：　株式会社 文一総合出版
〒162-0812　東京都新宿区西五軒町2-5　川上ビル
tel. 03-3235-7341（営業）、03-3235-7342（編集）
fax. 03-3269-1402
HP：http://www.bun-ichi.co.jp/
振替：　00120-5-42149
印刷：　奥村印刷株式会社

乱丁・落丁本はお取り替え致します。

ISBN978-4-8299-7221-2　NDC480　148 × 210 mm　180ページ